Panorama of Mathematics

数学概览

KLEIN SHUXUE JIANGZUO

Klein 数学讲座

附季理真代译序

F. 克莱因 著

陈光还 徐 佩 译

高等教育出版社·北京
HIGHER EDUCATION PRESS BEIJING

图书在版编目(CIP)数据

Klein 数学讲座：附季理真代译序 /(德)克莱因（Klein，F.）著；陈光还，徐佩译. —北京：高等教育出版社，2013. 1

（数学概览）

书名原文：Lectures on Mathematics

ISBN 978-7-04-035167-5

Ⅰ.①K… Ⅱ.①克… ②陈… ③徐… Ⅲ.①数学-研究 Ⅳ.①O1-0

中国版本图书馆 CIP 数据核字（2012）第 308503 号

策划编辑 王丽萍　　责任编辑 李　鹏　　封面设计 王凌波　　版式设计 马敬茹
责任校对 殷　然　　责任印制 田　甜

出版发行	高等教育出版社	咨询电话	400-810-0598
社　　址	北京市西城区德外大街 4 号	网　　址	http://www.hep.edu.cn
邮政编码	100120		http://www.hep.com.cn
印　　刷	北京民族印务有限责任公司	网上订购	http://www.landraco.com
开　　本	787mm×1092mm　1/16		http://www.landraco.com.cn
印　　张	16	版　　次	2013 年 1 月第 1 版
字　　数	150 千字	印　　次	2013 年 1 月第 1 次印刷
购书热线	010-58581118	定　　价	35.00 元

本书如有缺页、倒页、脱页等质量问题，请到所购图书销售部门联系调换

物 料 号　35167-00

《数学概览》编委会

《数学概览》序言

当你使用卫星定位系统 (GPS) 引导汽车在城市中行驶，或对医院的计算机层析成像深信不疑时，你是否意识到其中用到什么数学? 当你兴致勃勃地在网上购物时，你是否意识到是数学保证了网上交易的安全性? 数学从来就没有像现在这样与我们日常生活有如此密切的联系. 的确，数学无处不在，但什么是数学，一个貌似简单的问题，却不易回答. 伽利略说: "数学是上帝用来描述宇宙的语言." 伽利略的话并没有解释什么是数学，但他告诉我们，解释自然界纷繁复杂的现象就要依赖数学. 因此，数学是人类文化的重要组成部分，对数学本身以及对数学在人类文明发展中的角色的理解，是我们每一个人应该接受的基本教育.

到 19 世纪中叶，数学已经发展成为一门高深的理论. 如今数学更是一门大学科，每门子学科又包括很多分支. 例如，现代几何学就包括解析几何、微分几何、代数几何、射影几何、仿射几何、算术几何、谱几何、非交换几何、双曲几何、辛几何、复几何等众多分支. 老的学科融入新学科, 新理论用来解决老问题. 例如, 经典的费马大定理就是利用现代伽罗瓦表示论和自守形式得以攻破; 拓扑学领域中著名的庞加莱猜想就是用微分几何和硬分析得以证明. 不同学科越来越相互交融, 2010 年国际数学家大会 4 个菲尔兹奖获得者的工作就是明证.

现代数学及其未来是那么神秘, 吸引我们不断地探索. 借用希尔伯特的一句话: “有谁不想揭开数学未来的面纱, 探索新世纪里我们这门科学发展的前景和奥秘呢? 我们下一代的主要数学思潮将追求什么样的特殊目标? 在广阔而丰富的数学思想领域, 新世纪将会带来什么样的新方法和新成就?” 中国有句古话: 老马识途. 为了探索这个复杂而又迷人的神秘数学世界, 我们需要数学大师们的经典论著来指点迷津. 想象一下, 如果有机会倾听像希尔伯特或克莱因这些大师们的报告是多么激动人心的事情. 这样的机会当然不多, 但是我们可以通过阅读数学大师们的高端科普读物来提升自己的数学素养.

作为本丛书的前几卷, 我们精心挑选了一些数学大师写的经典著作. 例如, 希尔伯特的《直观几何》成书于他正给数学建立现代公理化系统的时期; 克莱因的《数学讲座》是他在 19 世纪末访问美国芝加哥世界博览会时在西北大学所做的系列通俗报告基础上整理而成的, 他的报告与当时的数学前沿密切相关, 对美国数学的发展起了巨大的作用; 李特尔伍德的《数学随笔集》收集了他对数学的精辟见解; 拉普拉斯不仅对天体力学有很大的贡献, 而且还是分析概率论的奠基人, 他的《概率哲学随笔》讲述了他对概率论的哲学思考. 这些著作历久弥新, 写作风格堪称一流. 我们希望这些著作能够传递这样一个重要观点, 良好的表述和沟通在数学上如同在人文学科中一样重要.

数学是一个整体, 数学的各个领域从来就是不可分割的, 我们要以整体的眼光看待数学的各个分支, 这样我们才能更好地理解数学的起源、发展和未来. 除了大师们的经典的数学著作之外, 我们还将有计划地选择在数学重要领域有影响的现代数学专著翻译出版, 希望本译丛能够尽可能覆盖数学的各个领域. 我们选书的唯一标准就是: 该书必须是对一些重要的理论或问题进行深入浅出的讨论, 具有历史价值, 有趣且易懂, 它们应当能够激发读者学习更多的数学.

作为人类文化一部分的数学, 它不仅具有科学性, 并且也具有艺术性. 罗素说: "数学, 如果正确地看, 不但拥有真理, 而且也具有至高无上的美." 数学家维纳认为"数学是一门精美的艺术". 数学的美主要在于它的抽象性、简洁性、对称性和雅致性, 数学的美还表现在它内部的和谐和统一. 数学美应该而且能够被我们理解和欣赏. 最基本的数学美是和谐美、对称美和简洁美, 它应该可以而且能够被我们理解和欣赏. 怎么来培养数学的美感? 阅读数学大师们的经典论著和现代数学精品是一个有效途径. 我们希望这套数学概览译丛能够成为在我们学习和欣赏数学的旅途中的良师益友.

严加安、季理真

2012 年秋于北京

代译序

Felix Klein: 他的生平和数学

季理真 (赵振江　译)

---

§1. 引言

Felix Klein 是 19 世纪最伟大的数学家之一, 一个伟大的教育家和好的作者, 另外他还是一个天生的领导者. 是他将哥廷根变成世界数学的中心, 他对德国甚至是整个世界的数学有着深远的影响. 他对数学、数学教育以及数学发展高瞻远瞩, 并且以他强有力的性格, 扫去挡在路上的一切障碍, 将自己的想法付之于现实. 他高贵、威严, 甚至独裁, 他是历史上最有王者之气的数学家.①

Felix Klein 在很多方面都做出了杰出的贡献, 因而被不同方面的人所熟知. 例如, 对在 Lie 理论和几何学领域工作的

①照片中的 Klein 油画像悬挂于哥廷根大学数学系的学术讨论室内, 而在对面的墙上悬挂着 Hilbert 的油画像. 从某种意义上说, 这两位哥廷根的先辈大师始终注视着在这里的学习、研究数学的后人.

研究人员, Klein 提出的 Erlangen 纲领有着深远影响; 而对研究 Lie 群的离散子群和自守形式数学家来说, Klein 群以及他与 Fricke 合著的论述线性分数变换 (或 Möbius 变换) 和自守形式的经典论著意义非凡; 有不少人欣赏他关于初等数学和数学史的书. 教师们也从 Klein 关于教育的书和观点中获益匪浅. Klein 拥有广博的数学知识, 并且对数学有着敏锐的洞察力, 这都使得他不同寻常. 我们将从不同角度重点讨论最后一点.

就对数学的贡献而言, Klein 可能与哥廷根大学中他的前辈如 Gauss 或 Riemann, 以及他的年轻的同事如 Hilbert 和 Weyl 不在同一个级别上, 但他也实实在在地对数学做出了重要的贡献. 他身上拥有某种比上述所提到的数学家更多的王者之气, 使得他更像一个国王般的数学家. 人们像尊重国王一样尊敬他, 甚至将他敬奉为神. 在某种意义上, Klein 值得如此. 关于 Klein 在哥廷根大学对数学所产生的影响, Weyl 评论道: “ Klein 在这里像一尊神一样统治着数学, 但他的如同神一般的权力来自他的人格、他的奉献、他的积极努力工作的力量, 和他摆平事情的能力.”

但国王就是国王, 国王可以固执, 国王的威严使得凡人无法靠近. 知名分析学家 Kurt O. Friedrichs 在他年轻的时候, 1922 年, 访问过 Klein: “我很惊讶, Klein 的优雅和魅力让我倾倒. …… 当所有事情都按照他的方式进行时他会非常有魅力而且颇具君子之风; 但对于任何与他意见相左的人, 他简直就是一个暴君.”

Klein 在他事业的早期对数学做出了重要的原创性贡献. 但他的研究不久就中断了, 原因是在 Fuchs 函数和 Riemann 曲面的单值化研究上, 他败在 Poincaré 之下, 这给 Klein 带来极大的挫败感乃至精神崩溃. 难能可贵的是, 他在这跌倒了, 但又在别的方面重新站了起来, 很少人能做到这一点. 由于他不能继续数学研究了, 他把他的时间和精力投入到数学教育和写作之中, 更为重要的是, 为他人营造并提供一个促人上进的环境, 例如, 他把 Hilbert 引进哥廷根, 并把这座规模不大的大学城变成世界最重要的数学中心, 吸引了来自世界各地的研究人员. 19 世纪末, 他在美国的演讲之旅对美国数学的兴起起到了枢要的作用. 在这种意义上, Klein 也是一位高贵的数学家而且有持久的影响.

在对数学的探讨上, Klein 强调大的图景以及不同学科之间的联系, 但不太注意细节, 也不重视证实他的看法的工作. 例如, 是他提出 Erlangen 纲领, 但之后从没有对它做过任何工作, 是他的朋友 Lie 的努力工作使之成为一个重要的具体纲领. 正如 Courant 有次评论说, Klein 倾向于高飞在普通数学家占据的大地上方, 俯仰并欣赏数学的景色, 但要着陆并从事艰难乏味的工作对他来说常常是困难的. 对需要使用艰难的技巧论证的棘手问题他更是没有耐心. 他只考虑大的图景并关注在似乎不相关的结果后面的普遍模式.

Klein 非常善于写作和演讲, 堪称大师. 在某种意义上, 他是一个非常好的数学推广者, 虽然为此也招致了许多批评. 但正因如此, 他对数学和数学界产生了很大影响. 他是杰出的数学家、优秀的教师和高效的组织者的独一无二的组合.

人们对 Klein 的这一特征的看法不都是正面的. 根据 1881 年 Mittag-Leffler 写给 Hermite 的信: "你问我 Klein 和柏林的大人物之间的关系 …… Weierstrass 发现 Klein 不乏天赋但非常浮躁, 有时就像一个没有真正长处的江湖郎中 (charlatan)[①]. 我相信这也是 Kummer 的看法." 1892 年, 当柏林大学数学系教员讨论 Weierstrass 的继任者时, 他们认为 Klein 是 "蛊惑人的江湖郎中" 和 "依从者" 而不予考虑. 他的多年的老朋友 Lie 的看法虽然苛刻但更具体: "我认为 Klein 有很高的天赋, 我永远也不会忘记在我的科学尝试中他总是心甘情愿地陪伴我; 但在我看来, 例如, 他没有充分区分归纳与证明, 区分引入的概念与概念的解释 ……"

抛开所有这些批评或所持的保留意见, 无论任何, 恢复哥廷根昔日的荣耀, 因而开启了一个进程, 改变了德国大学和世界上其他一些地方的数学的整个结构, 这些主要归功于 Klein. 在来自欧洲的人当中, 他对促进美国数学界的崛起有最大的影响. 毫无疑问, 他是 19 世纪最后 25 年中最强有力的数学人物.

Klein 是 19 世纪德国学者的典型代表. 他从不放弃对数学知识的追求, 从而博学多才, 其中许多是他从与其他数学家的积极的交流中获得的. 他也慷慨地将他的见解和知识于学生和年轻的同事自由地分享, 吸引了来自世界各地的人.

[①] charlatan 指实施江湖手段或类似秘密手段的人, 目的是通过假装或欺骗的形式获得金钱、名声或其他优势.

大多数数学家的工作,或许仅影响了数学和数学界的特定部分,而 Klein 则不同,他的影响既是全局的,又是根本的. 有他的流行的书作为见证,Erlangen 纲领的一般原理以及 Klein 群理论所产生的深远且持续的影响是 Klein 留给我们的宝贵遗产. 在某种意义上,Klein 不属于他那一代,他超前于时代.

§2. 不凡的出生

在人们印象中,国王必定在特别的时间出生在特殊的地点,仿佛天意要事先给予他们额外的东西. Felix Klein, 这位之后被人们奉为国王般的数学家,在 1849 年 4 月 25 日夜生于莱茵兰的杜塞尔多夫,当时 "在市长秘书的房子里有一种焦虑. 城外,大炮轰击暴动的莱茵兰人为反对他们仇恨的普鲁士统治者而设立的路障. 城内,尽管人人准备逃走,但没有人想到离开."

在他出生后不久,他的家乡和附近地区成了 1848 年德国革命的最后一战的战场.

在 Klein 出生后的 20 年,普鲁士逐渐成为欧洲的一个强国,但始终有持续不断的冲突和骚乱,并且在迫使法国投降的普法战争中达到了顶峰.

后来 Klein 在急救人员的志愿部队中服务,并且亲见了梅斯和色当的战场,在这里拿破仑 (Louis Napoleon) 的帝国

被俾斯麦 (Otto von Bismarck)[1] 控制的另一个帝国 —— 德意志第二帝国 —— 所取代.

Klein 的学术生涯曲线实际上与德意志第二帝国的兴衰步调是一致的. 所有这些历史事件影响了 Klein 的性格以及他对数学及数学界的看法.

§3. 教育

总体来说, Klein 生活并没有受到战事的影响, 教育也没有间断过. 他进入杜塞尔多夫文科中学, 在这所学校他发现希腊和拉丁经典激发不了他的兴趣.

1865 年, 16 岁的 Klein 进入波恩大学, 波恩大学是一个重视自然科学的大学, 他发现这儿的课程很适合他, 从此 Klein 如鱼得水, 在这里, 他学习了很多学科, 诸如数学、物理、植物学、化学、动物学和矿物学, 他还参加波恩大学所有五个分部的自然科学讨论班, 这种大学教育对他的博学表现很有贡献.

在数学方面, 他听了杰出的分析学家 Rudolf Lipschitz 的一些课程, 包括解析几何学、数论、微分方程、力学和位势理论. 但 Lipschitz 只是 Klein 的一个普通老师.

---

[1] 俾斯麦是保守的德国政治家, 从 19 世纪 60 年代到 1890 年他被免职这期间, 他控制着整个欧洲事务. 在赢得一系列小的战争之后, 他统一德国多个小邦而建立了在普鲁士领导下的一个强大的德意志帝国, 然后他成功地让各列强权利达到某种平衡, 从而欧洲从 1871 年一直到 1914 年无战事.

当 Klein 进入波恩大学时, 他渴望成为一个物理学家并有机会与有才能的实验物理学家和几何学家 Plücker 一起工作. 当 Klein 刚进入他的第二学期, Plücker 就选择他作为物理实验课程的一个助手. 在 Klein 的成长过程中, 他与 Plücker 的相互交流可能对他有最重要的影响.

1866 年, 也就是 Klein 见到 Plücker 的那一年, 在物理学领域专心致志工作了差不多 20 年后, Plücker 将兴趣转向了几何学, 而且正在写关于线几何学的两卷本著作, 书名是《空间的新几何学》(Neue Geometrie des Raumes). 1868 年 5 月, Plücker 意外去世时, 他仅完成了第一卷. 作为 Plücker 的学生, 老师的去世对 Klein 提供了独一无二的挑战性机会: 完成第二卷并编辑他老师的著作.

本来, 应由哥廷根的已崭露头角且前程远大的几何学家 Clebsch 负责完成 Plücker 的书, 但他把这个任务委托给了 Klein. 这个似乎不可能的任务从多方面改变了 Klein 的生活.

首先, 这给了 Klein 扎实学习线几何学的一个良好的机会. 线几何学在未来 Klein 与 Lie 的工作中, 而且最终在 Erlangen 纲领中, 起到了重要作用. 其次, 这项工作也使 Klein 建立了与 Clebsch 及其学派的密切联系, Clebsch 学派包括诸如 Gordan, Max Noether, Alexander von Brill 等众多杰出数学家. 通过他们, Klein 了解了 Riemann 函数论并在这方面做了工作, Riemann 函数论最终成了 Klein 最喜爱的课题. 在其他许多方面他也成了 Clebsch 的自然继承者.

Klein 于 1868 年 12 月获得哲学博士学位, Rudolf Lipschitz 是他的联合 (或名义上的) 导师.

§4. 对 Klein 影响最大的三个人

在 Klein 学术生涯中, 有三个人起到了关键作用.

第一个人是 Plücker, Klein 的大学老师. 对于大多数数学家, Plücker 以射影几何学中的 Plücker 坐标而著称, 但他是以物理学起家. 事实上, 1836 年, 35 岁的 Plücker 被任命为波恩大学的物理学教授并开始研究阴极射线, 对阴极射线的研究最终导致电子的发现. Klein 对物理学知识的掌握以及他所体会到的数学和物理学之间的相互关系在他的数学生涯中起了重要作用. 有理由猜测这可能与 Plücker 的影响有某些关系.

Klein 一生著书无数, 一些至今仍然流行. 他最具独创性的书可能是 1882 年出版的《论 Riemann 代数函数及其积分理论》(Über Riemann's Theorie der Algebraischen Funktionen und ihrer Integrale), 在书中, 他应用物理学的思想, 试图解释并澄清 (justify) Riemann 关于 Riemann 曲面上函数的工作, 尤其是 Dirichlet 原理. Klein 写道: “在现代的数学文献中, 如在我的小册子中所出现的, 按照朴素的直观的 (*anschaulicher*) 形式提出一般的物理和几何学的研究, 从这种形式后来借助精确的数学证明找到坚定的支持, 是非同寻常的. …… 我认为大多数数学家隐藏他们的直观思想, 只发表必需的、严格的 (且大多是算术性的) 证明是无法接受的 ······ 我的关于 Riemann 的著作正是作为一个物理学家来写的, 不关心在详细的数学处理中习见的细致的考虑, 恰恰由于这个原因, 我得到了多数物理学家的认可."

第二个人是 Klein 的另一个重要的老师, Alfred Clebsch. Klein 的导师是 Rudolf Lipschitz, 而 Clebsch 可认为是他的博士后导师. Klein 在 1868 年获得哲学博士学位之后, 到哥廷根大学跟 Clebsch 工作了 8 个月. 当 Klein 第一次见到他时, Clebsch 年仅 35 岁, 然而已经是代数几何学的一个新学派的著名教师和领导者.

Clebsch 对代数几何学和不变量理论做出了重要贡献. 在到哥廷根大学之前, 他在柏林大学和卡尔斯鲁厄 (Karlsruhe) 大学执教. 他与吉森 (Giessen) 大学的 Paul Gordan 合作引入了球面调和函数的 Clebsch–Gordan 系数, 它们被广泛应用于紧 Lie 群的表示论和量子力学, 以及两个不可约表示的张量积分解为不可约表示的直和. 1868 年, 他与哥廷根大学的 Carl Neumann 一起创办了数学研究期刊《数学年刊》(Mathematische Annalen).

当《数学年刊》起步时, 世界上领头的数学期刊是《Crelle 杂志》, 它的正式名称是《纯粹及应用数学杂志》(Journal für die reine und angewandte Mathematik), 1826 年由 August Leopold Crelle 在柏林创办. 这一期刊因发表许多重要的论文而著名. 例如,《Crelle 杂志》的第一卷刊登了传奇人物 Abel 的论文中的 7 篇.

Clebsch 去世后, Klein 接手了《数学年刊》. 这使得 Klein 得以推进他喜欢的数学, 从而使《数学年刊》取代《Crelle 杂志》的地位成为在世界上领头的数学期刊. (尽管现在世界上有数以百计的数学杂志, 这两种杂志仍是高质量的, 而且被数学家们高度认可.)

Klein 与 Clebsch 以及他的学生 —— 如 Max Noether (Emmy Noether 的父亲) —— 的互相交流, 让 Klein 明白了 Riemann 的函数概念, 而 Klein 关于 Riemann 曲面和几何函数论的工作可能是他最深刻的具体的贡献.

第三个人是 Lie, 在这三人之中他可能对 Klein 的数学影响最大. Klein 不顾 Clebsch 的反对, 在 1869—1870 年的冬季学期来到柏林大学. 柏林大学是那时的数学中心, 由 Weierstrass, Kummer 和 Kronecker 掌控. 那个时候柏林大学也有给人印象深刻的学生, 比如 Cantor, Frobenius, Killing 和 Mittag-Leffler. Klein 从这些大师的讲座中受益不多, 而且也没有与这些杰出的学生们交往. 但 Sophus Lie 不一样, Klein 遇见他之后, 由于两人拥有共同的数学品味及对待事物的看法, 他们很快就成为了好朋友, 而且是终生的. 在给母亲的一封信中, Klein 写道: "在年轻的数学家中我结识了一个人, 他非常吸引我. 他是 Lie, 挪威人, 我已从他在克里斯蒂尼亚发表的一篇文章中知道他的名字. 我们都忙于类似的事情, 因此不乏谈资. 我们的联合, 不仅是因为这一共同的爱好, 而且也因为厌恶这里的行事: 在数学上的成就要超过其他人, 尤其是外国人."

尽管 Lie 几乎比 Klein 年长 6 岁, 但在他们的交往中, Klein 往往更像兄长. 在别人看来也多是如此. 我们后面将要谈到, 这也是后来他们不幸发生冲突的原因之一.

访问柏林大学之后, Klein 和 Lie 1870 年都在巴黎. 因普法战争爆发, Klein 被迫返回德国为军队服务. 后来他们在其他时机又多次见面. 他们两人都从这种交往和合作中受益. 但是他们的交往也穿插着一个悲剧情节. 他们的友谊曾经一度破裂, 但最终还是得以和解.

从任何角度来说, Klein 现在公认以 Erlangen 纲领最为著名. 但公平地说, 没有从 Lie 那里学习 Lie 群, 并且之后与 Lie 一起的合作, Klein 不会提出 Erlangen 纲领, 而且没有 Lie 和他的学派对 Erlangen 纲领所做的工作, 它现在也不会如此著名并且有这样巨大的影响.

§5. 学术生涯

众所周知, Klein 也是一名优秀的教师. 然而可能大家想不到的是, 他作为教授的第一份工作是在 Erlangen 大学, 那时仅有两名学生注册听他的课. 第一堂课之后, 仅剩下一名学生.

1872 年, 23 岁的年纪轻轻的他就被任命为 Erlangen 大学的正教授. 是 Clebsch 提名并鼎力支持他的, Clebsch 认为 Klein 将是他那一代的明星. Klein 在教授的就职仪式上, 做了论数学教育的报告, 并应就职仪式的要求, 还提交了题为

《对新近以来几何学研究的比较考察》(Vergleichende Betrachtungen über neuere geometrische Forschungen) 的书面小册子, 这成了以后著名的 Erlangen 纲领.

由于学生人数少, Klein 在 Erlangen 大学作为一名教师是不太成功的; 但作为一个研究者, 他在那里的 3 年是成功的. 1875 年, Klein 被任命为慕尼黑工学院的教授一职. 意想不到的是他的讲座在这里受到热捧, 他第一学期的课程有超过 200 名学生参加. 与 Brill 一起, 他们创办了制作数学模型的实验室. 这些模型大受欢迎, 被世界各地的许多数学系竞相购买. 如今在哥廷根大学数学研究所的二楼, 人们现在仍然可以看到这里收藏的许多这样的模型.

Klein 创办的数学模型实验室

在慕尼黑的岁月, Klein 的研究以及他作为《数学年刊》的编辑的工作都开展得很好. 他在代数学与复变函数论的交叉领域处研究并发展出 Galois 理论的几何方法和椭圆模函数的统一理论, 这为他在一个全新领域 —— 自守函数论 —— 的深入而且原创性的贡献做了准备. 简言之, 他发现了一个非常适合他的数学品味与看法的研究领域: 群论、代数方程和函数论的混合. 毫无疑问, 他被视为德国数学界一颗冉冉升起的明星. 1881 年, 他接受了莱比锡 (Leipzig) 大学几何学新的讲席职位, 莱比锡大学是德国的一所重要的大学但数学系较弱.

在莱比锡大学, Klein 达到了他数学原创生涯的顶峰. 在自守函数和 Riemann 曲面的单值化方面的工作他开始与 Poincaré 竞赛. Poincaré 比 Klein 小 4 岁. 1881 年, Klein 已经为世界所知晓, 而 Poincaré 还是一位不起眼的年轻的数学家. 但 Poincaré 很快赶上并超过 Klein. 在一封 Lie 从巴黎写给 Klein 的信中, Lie 写道: "Poincaré 说, 起初读你的著作很困难, 现在读起来非常容易. 一些数学家, 如 Darboux 和 Jordan, 说你对读者要求太高, 在你的著作中你经常不提供证明."

Poincaré 所做出的稳步且本质的进展使 Klein 很难跟上. 为了不失掉竞赛, Klein 只能全力以赴. 在 1882 年 10 月发表有限型的 Riemann 曲面的单值化的结果之后, Klein 完全崩溃并患上了抑郁症. (这个单值化定理是 Klein 和 Poincaré 关于 Fuchs 群和 Klein 群早期工作的自然的总结性结果. 但 Klein 的论文仅宣布了一些想法的概要. 事实上, 没有后来 Brouwer 在拓扑学上的工作, 该定理不可能完整. 大约同时, Poincaré 宣布了一个类似的结果. Riemann 曲面的单值化定理最终在

1907 年被 Poincaré 和 Koebe 独立证明.)

在莱比锡大学时期, Klein 把其数学系变为世界上一个重要的数学系, 并且建立了几何学学派. 认识到他的研究生涯结束了, 他开始思考确保他仍作为一个重要的数学学派的首领的途径.

1886 年, Klein 等待的时机出现了. 他收到了来自哥廷根大学的职位邀请, 并立刻接受了这份邀请. 对于他来说, 这是一个理想的职位. 哥廷根大学有非常优秀的传统, 她还是德国的一所重要大学. 但也许更重要的是, Klein 在服兵役时的一个战友当时正在柏林的德国文化部掌管大学的任命. 当时在柏林的德国文化部颁布了一个加强哥廷根大学科学系的政策, 使得 Klein 能以哥廷根大学为基地逐步建立他的势力. 最终他利用了这些优势并聘用了 Hilbert. 余下的是众所周知的历史: Hilbert 和 Klein 的哥廷根数学学派的传奇.

当然, 在 Klein 之前, 哥廷根大学就有她的悠久传统, 拥有一批著名数学家. 这是从传奇的 Gauss 开始的, 他在这里学习、工作和教学超过 50 年. 但 Gauss 像一个 18 世纪的学者, 他并不写出和发表他所做的结果, 而且在教学中也不糅合他的研究. 事实上, 他几乎从来没有讲授过高深的数学课程 (他只讲授数理天文学的基础部分). 他倒是更喜欢与几个朋友及同等地位的人开展广泛的通信. Gauss 之后是 Dirichlet. Dirichlet 是一位伟大的数学家和伟大的教师, 他的学术生涯的绝大部分是在柏林度过的. 在移居哥廷根后仅仅 3 年就不幸意外去世. Dirichlet 的继任者是 Riemann. 但 Riemann 的健康状况很差, 长期离任去阳光灿烂的意大利北部. 在 1859 年 Riemann 去世之后, Dedekind 担任此职. 可 Dedekind 是一个沉静且性格内向的人, 与其他人交往不多. 他不适于维持并发展哥廷根的这一传统. 在他之后, Alfred Clebsch 建立了代数几何学的一个重要学派, 但仅有 1868 年到 1872 年这一个短的时期. 他的意外离世使该学派在哥廷根历史上昙花一现. 尽管 Klein 是 Clebsch 圈子里最年轻的成员, 但他是最强有力的且担负了推进他的导师的研究和出版计划的大部分任务. Klein 和 Hilbert 到来之前, 哥廷根是平静的, 哥廷根光荣历史的恢复主要归功于 Klein.

但是需要强调, 使得哥廷根达到了顶峰是 Klein 和 Hilbert 的通力合作而成的. Klein 和 Hilbert 性格完全不同, Hilbert 完全超脱政治之外, Klein 却热衷于此, 而且非常善于权术. 但是正是由于他们之间的这种差异和互补性才创建了哥廷根辉煌的时代. 可以想象如果两人都如同 Klein, 一山不容二虎, 世界将不可能太平. 但是两人都若 Hilbert, 很多事情都不可能实现. 读者如果对 Hilbert 生平感兴趣, 可以继续阅读高等教育出版社出版的《直观几何》(上) 代译序中关于 Hilbert 的介绍: Hilbert, 一个单纯的数学家.

指出 Klein 的学术生涯基本上与德意志第二帝国的兴衰重合这一点也许是有帮助的, 这一时期重大的政治事件深刻影响了 Klein 以及他对数学世界的看法.

§6. 教师和教育家

终其一生, Klein 始终保持对教育和教学旺盛的热情. 在某种意义上, 他更像一位学者而不是一个研究教授.

Klein 是非常成功的教师. 例如, 他培养了 57 名博士生, 其中一些日后成了非常著名的数学家, 如 Ludwig Bieberbach, Maime Bocher, Frank Cole, C. F. L. Ferdinand Lindemann (他证明了 π 的超越性) 和 Axel Harnack (以 Harnack 不等式闻名). 他备受欢迎的书多是以他的演讲为基础.

在离开数学研究之后, 在 1900 年前后 Klein 对大学层次以下的学校的数学指导发生了浓厚的兴趣. 例如, 在 1905 年, 他在一项建议在高中讲授微积分和函数概念的计划拟定中起了决定性的作用. 这项计划逐渐被世界上许多国家所采纳并得以实施, 而且现在已是标准性的. 这是 Klein 所做贡献的典型: 基础性的贡献而且回顾起来很自然.

Klein 在开发适用教师和工程师的综合数学课程, 以及加强数学和科学及工程之间的联系上费了很多心思, 并做出重要的贡献.

1908 年, 在罗马国际数学家大会上, Klein 被选为国际数学指导委员会的主席. 在他的指导下, 该委员会的德国分支在德国出版了关于数学教学的多卷著作, 涉及各个层次.

2000 年, 为了表彰数学教育研究的杰出的终身成就, 国际数学指导委员会决定设立 Felix Klein 奖. 该奖不仅鼓励他人通过努力获取该奖项, 而且也通过公众对榜样的认可为该领域树立了极高的标准.

Klein 也为一般读者、高中学生和学校教师写了几本书. 例如, 关于几何学、算术、代数和分析的多卷本的《从高观点看初等数学》(Elementarmathematik vom höheren Standpunkte aus). 它被翻译成多种语言的译本仍在印行.

§7. 对数学的主要贡献

对数学家以及对物理学家而言, Klein 最著名的贡献是 Erlangen 纲领, 它不是一个具体的定理或具体的理论, 而是一个观点. 之后其他人, 比如 Lie, 使得它更本质且更具体.

与大多数其他伟大的数学家不同, Klein 对数学的贡献不能用他证明的定理或解决的猜想来衡量.

但他的贡献可以在不同的层次被感觉到. 它们已成为我们数学思维的一部分, 大家都习以为常, 以至于有时人们都难于体会到 Klein 刚提出来时的新颖. 这也从另一个方面说明了 Klein 工作的基础性和重要性.

Klein 提出这一伟大纲领的动机是为了回答一个简单的问题: 几何学是什么? 在那时, 几何学研究有不同的方面, 如 Plücker 的线几何学, 法国学派的球几何学, Lobachevsky 和 Bolyai 的双曲几何学, 延续 Cayley 和 Salmon 传统的射影几何学, Riemann 和 Clebsch 的双有理几何学, Grassmann 关于向量空间的几何学的工作, von Staudt 关于几何学基础的综合方法, 以及 Lie 关于切触变换和它们在偏微分方程中应用的工作. Klein 想从所有这些工作中提炼出共同的和基本的原理.

根据 Klein 的思想, 答案是: 几何学是对称群的不变量的研究. 这是他在 1872 年提出的 Erlangen 纲领的根本要点. 例如, 椭圆几何学、双曲几何学和抛物几何学分别对应射影变换群的不同的子群, 因此, 从射影几何学来看, 它们彼此相关.

这个重要的特别结论是 Klein 在提出 Erlangen 纲领之前得到的. 1871 年, 他发表了两篇论文, 题目是《论所谓的非欧几何学》(Über die sogenannte nicht-euklidisch Geometrie), 证明欧氏几何学和非欧几何学可以看作是毗连一个特别的圆锥截线的射影曲面的特殊情形. 这蕴涵非欧几何学是相容的当且仅当欧氏几何学是相容的, 并终结了围绕非欧几何学的争论. 这项工作使 Klein 一举成名并保证了他在 Erlangen 大学的职位. 如果一个人想举出 Klein 所作的单独的一个重要定理, 可能就是这个. 但应当指出, 即使在这一情形, 本质上他使用了 Cayley 的工作. 所以, 双曲面模型经常被称为 Cayley–Klein 模型.

在 Erlangen 纲领写就的第一个 20 年, 它并不广为人知, 而且仅以小册子发行. 1893 年, 它终于在重要的期刊《数学年刊》上发表.

在这期间, 其他人 —— 包括 Poincaré —— 得到了类似的思想. 在从巴黎写给 Klein 的信中, Lie 写道: "一次, Poincaré 提到所有数学是群的事情. 我告诉他你的 Erlangen 纲领, 对此他一无所知."

Lie 和他的学派对 Erlangen 纲领上做了很多实际的工作, 并清晰了群作为统一 20 世纪数学的伟大原理的作用, 这在原始的纲领中 Klein 并没有指出这一点.

Erlangen 纲领 —— 或者毋宁说其观点 ——的影响, 是巨大的而且被数学和其他科学的许多分支广泛接受.

在狭义上, Erlangen 纲领考虑齐性流形. 在广义上, 它强调理解所考虑的同构群下的不变量的重要性. 例如, 对于 Riemann 流形, 我们需要理解等距下 (局部的和整体的) 不变量; 对于微分流形, 我们寻求在微分同胚下的不变量; 对拓扑流形, 我们可以研究在同胚或者在同伦等价下的不变量. 例如, 拓扑空间的同伦群, 同调群和上同调群可以被认为是这样的不变量. 类似的原理被应用于科学, 尤其是物理学.

除了 Erlangen 纲领, Klein 关于 Fuchs 群、Klein 群和自守函数的工作至今仍是数学家的兴趣所在. 这可以从近来 3 维双曲流形的许多结果中看出. 另一个可能不那么广为人知的结果是 Hermann Weyl 在一本关于 Riemann 曲面的书中引入的流形的现代概念, 这是受 Klein 关于 Riemann 曲面的工作或观点的启发而来的.

根据《科学家传记辞典》记载: “Klein 认为他关于函数论的工作是他数学工作的顶峰. 他把他最大的成功部分归于他发展了 Riemann 的思想, 归于他想出的 Riemann 的思想和不变量理论、数论和代数、群论、多维几何学、微分方程论的概念, 尤其是他自己的领域 —— 椭圆模函数论和自守函数论的概念之间的密合.”

§8. 埃文斯顿 (Evanston) 学术报告会演讲和结集的书

《数学讲座》(Lectures on Mathematics) 一书与国际数学大会 (the International Mathematical Congress) 联系密切, 这次大会与 1893 年在芝加哥举行的世界博览会 —— Columbus 博览会同时举行.

在芝加哥举行的这次国际数学大会是一件大事, 比 1897 年在苏黎世举行的第一届国际数学家大会早 4 年. 它预兆国际数学合作新纪元的开始.

国际数学大会一结束, Klein 就在美国西北大学 (Northwestern University) 作了为期 2 周的学术报告会演讲, 他的书《数学讲座》由他报告的讲义组成. 我们需要在世博会和当时美国数学状况这一背景下评论这本书.

Columbus 博览会是为了庆祝哥伦布 (Christopher Columbus) 在 1492 年到达新大陆 400 周年而举办的世界博览会. 芝加哥战胜纽约市、华盛顿特区和圣路易斯得到举办这次特别的博览会的荣誉. 这届博览会对建筑、艺术、芝加哥自身的形象和美国的工业乐观主义有深刻的影响. 对于数学界, 芝加哥国际数学大会和 Klein 的演讲代表了美国数学兴起的开始.

Klein 为了得到去美国访问和作报告的良机等待了 10 年, Columbus 博览会最终给了他机会, 而埃文斯顿学术报告会演讲是他这次访问的重头戏.

根据普鲁士文化部的安排, Klein 是作为政府的官方代表参加国际数学大会. Klein 把这次国际数学大会视为显示德意志帝国在数学上统治地位上升的良机, 更作为巩固他作为德国一位名列前茅的数学家的位置 (或声誉) 的绝佳机会.

除了在国际数学大会上报告之外, 他还提议在会后到位于埃文斯顿的西北大学作为期 2 周的系列演讲. 地方组织者的热情从西北大学的 Henry White 写给 Klein 的信中看得很清楚: "您对近来的数学做一综述的计划是最有用的, 尽管也不省心. 如果您有力量实现该计划, 无论如何它将是对一门高贵学科的有价值的贡献." 芝加哥大学的 E. H. Moore 写信给 Klein: "您难于理解, 更确切地说是难于想象, 您的两封信给了我本人以及我们所有对芝加哥大会感兴趣的人多少快乐. 我们深深感谢您和您的政府 …… 至于 9 月的学术报告会: 作为能从您对现代数学领域的把握中获得灵感的人之一, 我特别荣幸."

对在芝加哥地区的数学家们, 怎样评估国际数学大会和埃文斯顿学术报告会的重要性都不为过. 它们提供了让中西部数学出名的独一无二的机会. (美国传统上高等学术的研究机构位于东海岸.)

在大会的第一天, Klein 以《数学的现状》(The Present State of Mathematics) 为题开始了他对现代数学的全面综述, 标题反映了他的哲学观点: "当我们深思 19 世纪数学的发展时, 我们发现了类似于其他学科发生的事情. 前一时期杰出的研究者们, Lagrange, Laplace, Gauss, 每个人都伟大到足以领会数学的所有分支及其应用. 尤其是, 在他们的时代天文学和数学被认为是不可分离的.

不过, 在下一代, 专业化的倾向是明显的. 其早期的代表并非无名之辈: Abel, Jacobi, Galois 以及从 Poncelet 以来的伟大的几何学家们, 他们每个人的贡献并非不大. 但这门发展中的科学同时越来越远离其原来的范围和目的并有牺牲其原来的统一而分离为各种各样的分支的危险."

他还指出: "对相同的议题, 一般科学大众对它的关注减小了. 认为现代数学理论没有大的趣味或重要性已几乎变成了一个习惯, 经常有这样的提议, 至少为了指导的目的, 所有的结果应当从较早时期相同的观点所导出. 这些情况无疑是令人遗憾的."

他接着说: "这是过去的境况. 在当前这个时机我希望陈述并强调在过去的 20 年, 从内部的一个显著的进步在我们的学科中维护了它本身, 而且不断取得成功 ······ 这种统一的倾向, 原本纯粹是理论性的, 不可避免地扩大到数学在其他学科中的应用中, 另一方面它维持且增强了这些学科的发展和扩张."

Klein 还强调了团队工作和合作的重要性: "正如我所做的, 在我们哥廷根传统的影响下, 也许在某种程度上被 Gauss 的伟大名字所主导, 在这些评述中已经勾画的趋势, 如果我把它概括为回到一般的 *Gauss* 纲领, 我可能会被原谅. 在这一点上现在和此前的时期有一个区别: 以前被单独一个才华横溢的人完成的工作, 现在我们必须寻求联合的努力和合作去完成.”

所有这些评论是 100 多年前做出的, 现在仍有价值而且值得所有数学家注意.

当 Klein 谈到数学内部的统一时, 用的例子取自群的概念和复变数的解析函数的概念. 为了表明数学在科学中的用处, 他给出的一个例子是群论在晶体结构分类中的应用, 很多人在多年前就研究晶体结构分类, 但在 19 世纪 80 年代才被 Federov 和 Schoenflies 完成. 在大会的最后一天, Klein 也做了一个报告, 题目是《关于群论近 20 年的发展》(Concerning the Development of the Theory of Groups During the Last Twenty Years).

数学大会 8 月 21 日开始, 26 日结束, Klein 的埃文斯顿学术报告会演讲 28 日开始. 这些演讲是 Klein 勾勒数学发展的几个主要趋势的第一次认真尝试. 这样性质的演讲对德国数学界会显得有些无礼, 而且与精英主义者的科学 (Wissenschaft) 观念冲突.① 由于这些因素, Klein 选择在德国之外举行 “数学演讲”.

这些演讲给出了 25 年来数学上重要发展和主要的数学家的概述. 其中充满了一个有高度影响力的数学家的强有力

①德语词 Wissenschaft 指任何研究或涉及系统研究和教学的一门学科. 它蕴涵知识是一个人自己可以发现的动态过程, 而不是被传递的某些东西, 因此以肤浅综述的形式所做的普及是违犯其精神的. 在 19 世纪, Wissenschaft 是德国大学官方的意识形态. 它强调教学与个人研究或引领学生发现的统一. 它提示教育是成长和形成的过程.

的看法和新的洞察, 而 Klein 是在理想的地方和理想的时间做这样的演讲的理想人选. 在他的演讲中, Klein 很少提出哪怕只是稍微复杂的论证, 他总是集中于一个理论的大的图景, 以及不同学科之间的内在联系. 埃文斯顿演讲尤其如此. 即使对早期跟随 Klein 在哥廷根学习过的学生, 这些演讲对他们也是新的经历.

在这 12 天的时间里, Klein 每天做一次演讲. Klein 用英语慢慢讲述, 并在演讲进行中向听众提出问题. 每次演讲下来是长时间的非正式讨论.《数学讲座》一书的基础是密歇根大学数学系教授 Alexander Ziwet 听演讲的笔记. 这些笔记后来由 Ziwet 与 Klein 一起修订并在 1894 年 1 月出版. 这本书可能给了我们 Klein 在演讲中说了什么的一个简洁的记录, 但不清楚有没有, 或者有多少非正式讨论的题目被纳入书中.[①] Klein 本人说这本书本身没有体现这一历史性时刻的气氛. 但可能是倾听这样的演讲大师的一次报告的最好的近似.

§9. 本书的概述以及如何阅读此书

《数学讲座》是 100 多年前的 1894 年出版的老书, 现在的数学非常不同于那时的数学.

[①] Ziwet 在序言中解释说: “在阅读这里出版的讲稿时我们应该记住, 这些讲座是紧接芝加哥大会之后所做的, 并且是针对参加大会的成员. 由于这个原因以及学术讨论会时间有限和非正式的特点, 讲座中涉及的一些课题没有得到充分的处理”.

一个自然的问题是一个人为何要阅读该书. 更好的一个提法可能是一个人应该怎样阅读该书.

显而易见的答案包括: (1) 为了理解 100 年前数学的概观, 理解数学怎样演化及新结果和理论怎样出现. 与其他学科不同, 数学有很强的历史传承性: 过去被认为重要的, 现在也重要且有关联. 事实上, Klein 讨论过的许多课题与现在仍有关联而且是重要的; (2) 从 Klein 那里我们可以学习怎样研究和理解数学, 以及怎样从整体上探讨数学.

最佳的答案也许是引述 William Osgood 为该书在 1910 年重印时写的序言: "过了十七年之后再来重版它, 是非常需要说明的. 难道从那时以来数学就没有发展, 或是这里所涉及的问题至今仍是最重要的? 我愿意用提问来回答: 在数学发展中什么才是重要的? 是仅仅获得其有潜在价值的新结果? 难道每个新时期科学研究的一个重要任务不是继承那个时期之前的研究成果?

Klein 教授为所有时代的数学家做出了杰出的榜样. 当数学家们取得丰富的成果并且相互之间还无关联时, Klein 教授能够揭示他们的工作之间最本质的联系, 并洞察到这些新方法最适合于哪些领域的发展.

他对于数学中什么是重要问题的直觉是令人信服的. 他对这份讲稿涉及的问题的研究中所体现的光辉思想完全能成为后来的年轻学者从事这些问题研究的指南."

尽管这不是能系统地学习一些经典数学的一本书, 其非正式的风格允许人们从不同的角度理解数学. 从 19 世纪数学界的如此重要的一位数学家、一位大师级的演说家和作家写的书中, 我们能学到怎样分辨出好的数学, 以及怎样理解数学后面的历史和故事, 即那个时期的一个积极参与者的现身说法. 人们可能想知道听过 Klein 的这些演讲的体验. 这本书也许会给人们一点情趣. 自然地, 通过这本书我们能从 Klein 那里学到其他许多东西或建议. 例如, 一页接着一页, Klein 用实例表明几何直观和不同学科之间内在联系的重要性.

现在我们简要评述这本书的内容并随着进程指出它的一些特色.

在演讲的开始 Klein 把数学家分为 3 类: (1) 逻辑学家, (2) 形式主义者和 (3) 直觉主义者.

这与现在流形的分类相当不同: 理论的建立者和问题的解决者.

他把他的第一次演讲专门用于评论伟大的几何学家和他的导师 Clebsch, Clebsch 对他的学术生涯有很大影响. 看一下他如何评价受他尊敬的老师是有趣的: "无论 Clebsch 为使 Riemann 的工作被他的同时代人更容易接受所做出的成就是如何伟大, 我的意见是: Clebsch 的书现在已不被认为是研究 Abel 函数入门的标准著作. 对 Clebsch 的阐述的反对意见是两方面的: 可以简要地刻画为一方面是缺乏数学的严格性, 另一方面是丧失了几何洞察力的直观性."

这里 Klein 强调的一个要点是 Anschauung 所起的重要作用, Anschauung 基本上就是几何直观, 更确切地说是直接的或立刻的直觉或数据的感知而有很少或没有理性的解释.

注意到 Klein 把 Clebsch 划到 (2) 和 (3) 类是有趣的. 他似乎自相矛盾.

Klein 批评 Clebsch 的动机的一部分是为了拉开他自己与 Clebsch 的距离, 而 Clebsch 学派的成员如 Gordan, Brill 和 Max Noether 与一个接近寿终正寝的数学传统相联系. 他感觉到大的新变化和新的大人物正出现在地平线上. 例如, 在芝加哥数学大会上, 年轻的新贵 Hilbert 在提交给大会的一篇论文中宣布了他关于不变量的基的有限性的著名结果, 而 Klein 认为 Hilbert 是一颗正在升起的明星.

另一个重要的数学原因是 Klein 相信 Riemann 对 Abel 积分的原始直观处理, 但 Clebsch 学派为了把 Riemann 的工作置于严格的基础上而使用代数处理. Klein 写道: "由于这些原因, 对我来说 Abel 函数论最好是用 Riemann 的想法开始, 忽略后来纯代数的发展."

这样的评论和要点可以用于现代数学的其他许多学科和问题.

正如前面提到的, 除 Clebsch 之外, 还有两个人, Plücker 和 Lie, 他们对 Klein 影响很大. 第二次和第三次演讲专门用于 Lie 和他的工作.

他用 Lie 早期关于几何学和偏微分方程的工作作为例子, 说明伟大的数学怎样通过直观和无意识的灵感而不只是复杂的计算而出现. 他的另一个建议是去读原始论文, 而不是最终写成的书: "为了充分理解 Sophus Lie 的数学天才, 人们一定不要注意近来由他和 Engel 博士出版的书 [《变换群论》

(Theorie der Transformationgruppen), 其第三卷大约那时候出现], 而要注意他在其科学事业的最初岁月写的论文. 在这些论文中, Lie 表明他本人是真正的几何学家, 而在他后来的出版物中, 人们发现他不能被习惯于解析观点的数学家完全理解, 他的处理采用了非常一般的解析形式, 并不总是容易领悟的. 幸运的是, 在非常早的时期我就有机会悉知 Lie 的想法, 当它们仍在正如化学家所说的 '初生态', 因此在一个强的反应中最为有效."

尽管前三次演讲集中于 Clebsch 和 Lie 的工作, 但也提到了其他数学家和他们的工作. 例如, 联系到 Lie 的工作, 提到 Plücker 关于线几何学的工作.

*第四次演讲*是经典数学的某些部分在现在仍然重要但被理解得很差的一个好例子. 现在相当好地理解了复数上的代数曲线和代数曲面, 但实代数曲线和实代数曲面少为人知而且理解得不好, 不是由于缺乏动机, 而是由于缺乏技巧和方法. 令人感兴趣的是这个观点已被 Klein 表达: "几何形式的实形式和代数曲线与曲面实际形状问题长期以来有些被忽略了. …… 这些问题至今也未得到应有的重视, 下面我想给出这个论题的一个历史梗概, 当然, 不可能很完整."

例如, 次数为 n 的实代数曲线的分支的相对位置是 Hilbert 著名的问题集中的第 16 个问题的第一部分, 当 $n \geqslant 8$ 时问题仍未解决.

在这次演讲中, Klein 作出结论: "我要特别强调我所认为的几何方法的主要特征, 这是今天讨论过的: 这些方法给我们所讨论的构型一个真正的脑中形象, 在所有的几何学中我认为这是最本质的. 由于这个原因, 所谓的综合方法, 正如通常所发展的, 对我来说是不很令我满意的. 在给出特殊情形和细节的精致作法的同时没有为作为一个整体的构形提供一个全局的看法."

Klein 关于超几何函数的第五次演讲相对较短且简略. Klein 也强调几何学: "由二阶线性微分方程定义的函数的这一处理当然是通过几何方法进行一般讨论的复函数的一个例子. 我希望通过这样的几何方法在将来得到更多更有趣的结果."

在所有 12 次演讲中, 第六次演讲可能是最为人知的. 直观对 Klein 总是重要的而且他在多个场合已强调过. 他以讨论两种 —— 朴素的和精致的 —— 直观, 以及它们在数学理论发展中的作用开始: "朴素的直观是不精确的, 同时精致的直观也不是正常的直观, 而是源自从所考虑的作为完全精确的公理的逻辑发展."

他用历史实例说明他的观点. 例如, Klein 考虑 Euclid 的《几何原本》作为精致的直观的一个原型, 同时 Newton 和微积分的其他先驱的工作来自朴素的直观. Klein 讲道: "Euclid 在系统阐述的公理的基础上细心发展他的体系, 完全明白精确证明的必要性, 清楚地区分可公度的与不可公度的, 等等.

另一方面, 朴素的直观在微积分创立时期特别活跃. 因此, 我们看到 Newton 毫不犹豫地假定一个动点的速度在各种情形的存在性, 丝毫没有为连续函数是否有导数而自寻烦恼."

Klein 继续讲道: “这是传统的观点 —— 它不可能最终完全抛开直观, 单独把整个科学置于公理之上. 无疑, 我持有的观点是, 为了研究的目的始终需要直观与公理的结合. 我不相信不持续不断地使用几何直观能导出, 例如, 在我前一次演讲中讨论的结果 —— Lie 的辉煌的研究, 代数曲线和曲面的形状的连续性, 或者三角形的最一般的形式.”

Klein 的这一评论使我想起 Bourbaki 的数学公理化方法. 当然, Bourbaki 对现代数学有确定的影响, 但它招致了许多批评而且没有实现其目标.

在数学教学中, 如何渗透这两种直观的思想存在实际的困难. Klein 写道: “实践性的困难出现在数学教学中 ······ 数学教师面临的问题是调和两种相对且几乎相反的需求. 一方面, 他必须考虑他的学生有限的然而有待开发的理解力; 另一方面, 他作为教师和有科学知识的人的严谨似乎迫使他一点也不损坏数学完美的严格性, 因此从一开始就引入现代抽象数学的所有的微妙和严密.”

在哲理性的第六次演讲之后, Klein 转向 π 和 e 的超越性. 他以 “上个星期六我们讨论了非精确的数学, 今天我们将述及数学科学最精确的分支” 开始他的第七次演讲. 在 1873 年 Hermite 证明 e 的超越性之后, Lindemann 进一步发展 Hermite 的方法, 并在 1882 年证明了 π 的超越性. 这一事实大多数数学家可能是知道的, 但许多人不知道 Lindemann 是 Klein 以前的学生.

Klein 写道: “π 是超越数的证明将在数学科学中开辟一

个新纪元. 它对化圆为方问题给出了最后的答案, 而且一劳永逸地解决了这个人们长期争论的问题. …… 不过, π 是超越数的证明很难减少化圆为方的人数; 因为这类人总是表现出对数学家的绝对不信任, 而且轻视数学, 他们不能被任何数量的证明折服."

Klein 的陈述和解释很中肯. 今天它们仍然贴切而真实.

为了强调几何方法对数论的重要性, 在第八次演讲中 Klein 继续他的数论之旅. 根据 Klein, "据传, Kummer 说数论是仍未由于接触应用而被污染的数学的唯一纯粹的分支.

不过, 近来的研究弄清楚了数论和其他数学领域之间的非常密切的相互关系, 这些领域没有把几何学排除在外.

作为一个例子我将提及二元二次型的约化 …… 你将记住的另一个例子来自 Minkowski 的一篇论文 …… 这篇论文我有幸在数学大会上提供了它的摘要. 这里为了新算术思想的发展直接使用了几何学. "

作为一个具体例子, Klein 提到他把一个二元二次型等同于 $\mathbf{R}^2$ 中一个格的想法, 而且在二元二次型的复合理论中导致了很大的简化, 这是始于 Gauss 的一个课题. 当然, 这样的几何观点在现在是标准的.

这一等同 (identification) 也可用于简化 Kummer 的理想数理论. Klein 写道: "所以, 初次钻研 Kummer 的理想数课题的每个人所遇到的全部困难仅仅是他的表示方式的结果."

第九次演讲涉及高次代数方程的解. 人人都熟悉二次方程的解的公式, 而且知道对 5 次或更高次数的一般代数方程没有类似的代数公式. 这次演讲给出高次代数方程一个好的总结. Klein 以 "所有其解不能用根式表示的方程简单地归类为不可解的, 众所周知属于这类方程的 Galois 群, 可能非常难于刻画" 开始. 他继续讲道: "在本次演讲中, 一个方程的解被认为由它约化成的特定的代数正规方程构成. 这次演讲的其余部分是通过几个例子, 尤其是二十面体方程, 解释这个要点."

第十次演讲处理超椭圆函数和 Abel 函数, 这是被许多人深入研究过的重要课题. Klein 以 "超椭圆函数和 Abel 函数这一课题的范围是如此巨大, 以至在一次演讲中不可能纵观其全部内容" 开始. 稍后, Klein 讲道: "如同在其他地方, 这里似乎放弃了数学发展中特定的预定和谐, 在一条研究路线上所需要的被另一条研究路线提供, 因此出现了独立于我们支配权的逻辑必然性."

这为关于 "最近非欧几何学研究" 的第十一次演讲定下了基调. 如前面所说, Lie 对 Klein 有很大影响, Lie 和 Klein 之间的合作和友谊是有益的. 例如, Klein 离开莱比锡到哥廷根之后, 是 Klein 为 Lie 谋得莱比锡大学几何学教授一职. 但在 1892 年他们深厚的友谊破裂了, 达到破裂顶峰标志是 Lie 在他的里程碑式的著作《变换群论》的第三卷里的一段话: "我既不是 Klein 的学生, 也不是相反的情形, 虽然后者也许更接近事实."

考虑到 Klein 是统治德国数学界的人物, 这是一个令人惊奇的声明. 他们的破裂有许多理由. 一个理由是 Klein 在

1883 年与 Lie 商议之后, 最后于 1892 年在重要的期刊《数学年刊》上发表了他的小册子《Erlangen 纲领》, Lie 写道: “这无疑是你 1872 年那个时期的最重要的工作. 人们现在会比那时更好地理解它.” 似乎 Klein 得到的荣誉多于他应得的. 几年前, Lie 觉得几个人, 尤其是 Wilhelm Killing, 使用了他的想法而没有给予他感谢. Klein 发表关于非欧几何学的一篇论文及一组讲义时, 他没有提及 Lie 的结果, Lie 认为这些结果是他的变换群理论的重要应用.

在这个系列的埃文斯顿学术报告会演讲中, Klein 在某种意义上是在努力弥补这种关系. 这可能解释为何 Klein 的第二和第三次演讲, 以及第十一次演讲的相当多的部分专用于 Lie 和他的工作. Klein 讲道: “我很高兴地把 Lie 的研究结果呈现给你们, 在 1890 年我关于射影几何学基础的论文中没有 …… 以及在我 (石印的) 1889—1890 年在哥廷根大学做的关于非欧几何学的演讲集中也没有顾及到它们.”

Klein 的这些努力没有很快对 Lie 产生效果. 埃文斯顿学术报告会演讲后不久, Lie 写信给 Adolf Mayer 抱怨 Klein 是 “一个女伶, 年轻时曾以她迷人的美丽使公众目眩, 但她渐渐只能依靠更可疑的手段获得在三流舞台 [这应解释为芝加哥数学大会和埃文斯顿学术报告会演讲] 上的成功.”

Klein 和 Lie 之间的关系是复杂的. 尽管 Klein 比 Lie 年轻, 在他们的交往和科学事业中, Klein 总起到一个年长的朋友的作用.

他们的破裂最终和解. 1894 年在俄国城市喀山, 为了纪念伟大的几何学家 Lobachevsky 设立了一个国际奖项. 该奖颁发给对几何学研究, 尤其是对非欧几何学的发展有重要贡献的人. 1897 年, Klein 应该奖委员会的要求, 写了一个关于 Lie 的工作的报告, 这导致 Lie 在 1897 年获得该奖, 这是这个奖项首次颁发. 在 Klein 的报告中, 他强调了 Lie 在《变换群论》第三卷中的贡献, Klein 的报告在一年后的《数学年刊》上发表.

1898 年, Lie 为获奖写信给 Klein 表示感谢. 这是他们自 1892 年关系破裂后的第一封信. Lie 还告诉 Klein 他已辞去莱比锡大学的教授职位, 不久将返回挪威. 不幸的是, Lie 回到挪威后不久去世.

事情过去多年之后, Klein 的妻子在一封信中生动地描述了 Lie 和 Klein 之间的最后和解: "夏天的一个晚上, 当我们外出回家时, 在我们的门前坐着一个虚弱的病人. 我们惊喜地叫道 'Lie!' 两个朋友握手, 注视对方的眼睛, 他们上次见面之后过去的一切不愉快全被忘却了. Lie 和我们共同度过了一天, 这位亲爱的朋友也变了. 我想到他和他的悲剧命运我不能不激动. 这位伟大的数学家在挪威得到了国王般的礼遇. 但这项殊荣他并没有享受很长时间, 不久便去世了."

在讨论了 Lie 的工作之后, Klein 转向其局部与欧氏空间相同的空间及具有正曲率的空间的分类. 他提到了 Clifford 的工作. Clifford–Klein 空间形式的分类问题至今仍未完全解决.

最后一次演讲有一个有点不寻常的标题 "哥廷根大学的数学研究". 这应在这样的背景下理解: 在那时每个有能力的

美国学生都想去哥廷根学习, 尤其是成为 Klein 的学生. 他以"在上次演讲中, 我应该对在哥廷根大学组织的数学研究, 尤其是对美国学生可能感兴趣的地方, 做一些总的评述"开始. 他给出的一个建议是"在较大的美国大学中经过一或两年会更好些? 在这里他会更容易地过渡到专门研究, 而且可能同时得到对其数学能力的一个更清楚的判断: 这可能使他免于因去德国而产生的严重失望."

这些评述使人想知道它们是否能用于现在想去美国学习的学生, 尤其是在中国的那些学生.

Klein 对他的哥廷根演讲的评述也能用于埃文斯顿学术报告会演讲: "我的较深的演讲往往有百科全书的特性, 适合于我的计划的总的倾向. …… 那么, 我的演讲适于形成广阔的背景, 在其上 …… 可以筹划专门研究. 我认为以这种方式我的演讲将被证明益处最大."

时间已经证明 Klein 的埃文斯顿学术报告会演讲极大地影响了美国数学界的兴起. 希望本书的中文翻译会对中国的学生和年轻的数学家有积极的影响.

§10. Klein 写的其他书

Klein 写过许多书, 尤其是在他后半生停止做研究之后. 我们打算提及其他几本名著:

(1) (与 Robert Fricke 合著)《自守函数论讲义》(Vorlesungen über die Theorie der automorphen Funktionen). 第

一卷: 群论基础. 第二卷: 函数论详述及应用.

(2) (与 Robert Fricke 合著)《椭圆模函数论讲义》(Vorlesungen über die Theorie der elliptischen Modulfunktionen). 第一卷: 理论基础. 第二卷: 进一步的理论及其应用.

这四卷书是 Klein 根据他的讲义与他的学生 Fricke 合写的. 它们奠定了 Lie 群的离散子群、代数群的算术子群及自守形式的现代理论的基础. 在人们知道它们重要, 但只有少数人去翻阅的意义上, 它们是经典著作.

(3) (与 Arnold Sommerfeld 合著)《陀螺理论》(Über die Theorie des Kreisels), 3 卷.

在 19 世纪 90 年代, Klein 转向数学物理, 在这一学科上他从未走远. 这部书源自 Felix Klein 于 1895 年在哥廷根大学所做的一次演讲, 被扩大范围并澄清问题而作为与 Arnold Sommerfeld 合作的一个结果. 它们依旧是这个课题的标准著作, 而且仍在印行.

§11. 雄心勃勃的数学百科全书

正如上一节简要讨论的, Klein 曾写过许多书, 其中几册分量很大.

但他最具雄心的计划是编辑一部数学科学百科全书. 在 1894 年他开始了编辑数学并包括其应用的百科全书的计划, 这成了《数学科学百科全书》(Die Encyklopädie der mathematischen Wissenschaften). 其第一卷在 1896 年出版, 而最后一卷, 也就是第六卷在 1933 年出版. 它总的篇幅超过两万页, 它提供了有持久价值的标准参考文献.

收藏于密歇根大学图书馆的《数学科学百科全书》

Klein 以前的学生 Walther von Dyck 是该书的编辑部主任而且做了许多实际工作. 他解释这一艰巨计划的使命: “本书的使命是尽可能完整地提供当今数学的主体及其结果的简明的解说, 同时附有指示数学方法从开始到 19 世纪历史发展的详细的参考书目.”

但 Klein 深深卷入了整个计划和整个项目的设计. 由此它也被称为《Klein 百科全书》.

按照 Klein 对数学的观点, 对他来说这似乎是适宜的最终计划.

§12. Klein 的去世和他的坟墓

Klein 总是精力充沛. 即使在他生命的最后两年, 他也从不抱怨, 工作、改正清样, 并保持神智清楚直到最后. 1925 年 6 月 22 日晚上 8 点半, Klein 毫无痛苦地去世, 享年 75 岁, 高贵而威严.

在他的一生中, Klein 总是以一丝不苟的德国教授的面目出现. 这种一丝不苟也可以在他的墓碑上看出. 铭文安排得井井有条而且占满了整个石碑.

他的墓碑靠近哥廷根的巨大公共墓地的礼拜堂(见下图左上角), 公墓是那里一个相当重要的地点.

Klein 的墓碑

Klein 墓所在公共墓地的礼拜堂

§13. 从 Klein 观点看 1943—1993 年的大数学家和主要数学结果

100 多年前, Klein 作了 12 次演讲总结那时数学的状况, 或者更准确地说, 是此前 25 年的重要数学家和他们的主要工作的概观. 一个自然的问题是, 如果 Klein 在 (100 年后的) 1993 年作另外的一系列演讲论述前半个世纪, 即从 1943 年到 1993 年最重要的数学家和数学成果, 他会讨论哪些数学家和数学成果.

一件事情是清楚的. 12 次演讲是不够的. 在 20 世纪做数学研究的人比 19 世纪在欧洲几所大学的一些数学家要多许多.

从上面描述的 Klein 的生平和工作来看, 他重视的似乎是那些有助于促进不同的学科之间的相互联系, 对多门学科能起全局性贡献, 开辟新领域并产生新的问题和结果的数学工作, 但可能不会强调一些孤立的定理或重要猜想的解, 这些解扼杀了课题.

猜想 Klein 可能谈到如下数学家的工作和相关课题似乎是自然的.

(1) Marston Morse (1892—1977). 他的最为人知的是他关于大范围变分学的工作, 尤其是 Morse 理论, 它是拓扑学和几何学的基本工具.

(2) Carl Siegel (1896—1981). 他既在数论又在天体力学上工作并对两者做出了根本性的贡献. 他在数论上的工作在解析数论, 算术数论和算术子群理论中有深远影响.

(3) Andrei Kolmogorov (1903—1987). 他对许多领域, 诸如概率论、拓扑学、直观逻辑、湍流、天体力学和计算复杂性, 做出了根本性的贡献. 没有他的工作, 概率论不会是现在的状况.

(4) Andre Weil (1906—1998). 他在数论、算术代数数论、代数几何学和微分几何学上作了许多根本性的贡献. 例如, Chern–Weil 理论是他诸多深刻的贡献之一. Weil 猜想对现代数学有巨大的推动.

(5) Jean Leray (1906—1998). 他既在偏微分方程上又在代数拓扑学上做出根本性的贡献. 他最著名的可能是他的对层的概念的引入、关于层的工作以及引入谱序列.

(6) Hassler Whitney (1907—1989). 他是奇点理论的创始人之一, 在流形、嵌入、浸入和示性类上做出了根本性的贡献.

(7) Lev Pontryagin (1908—1988). 他在许多学科, 诸如拓扑群上的分析、代数拓扑学 (尤其是示性类) 和微分拓扑学上做出了重大发现.

(8) Claude Chevalley (1909—1984). 他是具有高度独创性和文化素养的人, 对数论、代数几何学、类域论、有限群论和代数群论做出了重要贡献. 他引入的基本概念包括轰动一时的应用于有限单群和 adeles 的 Chevelley 群, 这在现代数论中是基本的.

(9) 陈省身 (Shiing-Shen Chern, 1911—2004). 他被认为是创立 20 世纪最重要理论 —— 整体微分几何的领军人物之一. 他的工作涵盖了微分几何的所有经典领域, 并且以 Chern–Weil 理论和 Chern 类而闻名, 这些理论广泛应用于现代数学之中.

(10) Oswald Teichmüller (1913—1943). 尽管他死于 1943 年, 他最后一篇论文 1944 年在一本著名的纳粹杂志上发表, 因此他相对不知名. 他把拟共形映照和微分几何学方法引入复分析和 Riemann 提出的模问题中. 刚性模问题和得到的 Teichmüller 理论对范围从代数几何学到低维拓扑学的诸多学科有长时间的持续推进.

(11) Israel Gelfand (1913—2009). 他对数学的许多分支, 包括

群论、表示论和泛函分析, 做出了重大贡献, 通过在国立莫斯科大学他的传奇式的讨论班, 教育和启发了几代学生.

(12) 小平邦彦 (Kunihiko Kodaira, 1915—1997). 他在代数几何学和复几何学做出了根本性的贡献, 如 Kodaira 嵌入定理、复流形的形变理论和代数曲面的分类.

(13) 伊藤清 (Kiyoshi Ito, 1915—2008). 他对随机过程做出了根本性的贡献. 他的理论被称为 Ito 积分并被广泛用于各种领域, 尤其是金融数学.

(14) Jean-Pierre Serre (1926—). 他在代数拓扑学、代数几何学、数论和其他几个领域做出了根本性的贡献. 他的多部书也教育了遍及世界的许多人士.

(15) Alexander Grothendieck (1928—). 他是创造代数几何学的现代理论背后的中心人物, 而且也在诸如泛函分析等许多领域做出了重大贡献. 在某种意义上, 在他的工作之后数学的语言和形势改变了. 在代数几何学之内, 他的层理论成了被进一步技术性工作所普遍接受的语言. 他推广的经典 Riemann–Roch 定理开启了对代数 K-理论和拓扑 K-理论的研究, 而且也在一般的指标理论中起了重要作用. 他的最著名的成就之一是发现 l-adic étale 上同调, 它是证明 Weil 猜想的关键工具. Weil 猜想是由他的学生 Pierre Deligne 完成的.

(16) John Nash (1928—). 他对对策论、微分几何学和偏微分方程做出了高度原创性和根本性的贡献, 如 De Giorgi–

Nash–Morse 定理和 Nash 嵌入定理.

(17) Michael Atiyah (1929—). 他奠定了拓扑 K-理论和指标理论的基础. 尤其是他与 Singer 一起证明了 Atiyah–Singer 指标定理, 它在数学和物理学中被广泛应用.

(18) 志村五郎 (Goro Shimura, 1930—). 他对算术几何学和自守形式做出了重要且广泛的贡献. 一个关键概念是 Shimura 簇, 它是模曲线的高维等价物, 而且在 Langlands 纲领中起到重要作用. 关于椭圆曲线的模性他还提出了重要的谷山 – 志村 (Taniyama–Shimura) 猜想.

(19) Jacques Tits (1930—). 他最知名的工作是 Tits 厦理论, 代数群的自然空间. 他的令人意想不到的深远结果横穿诸学科的广阔领域. 在某种意义上, 对代数群, 尤其是例外代数群, 他使 Erlangen 纲领具体化.

(20) Robert Langlands (1936—). 他对自守形式和表示论做出了根本性的贡献, 这对数论有重要影响. 他提出了一组有深远影响的猜想, 被称为 Langlands 纲领, 这把代数数论中的 Galois 群与局部域上的代数群的表示论及 adeles 建立了联系.

(21) Mikhail Gromov (1943—). 他可能以想法最多的数学家而知名. 在许多不同的数学领域 —— 微分几何学、微分方程、辛几何学和群论 —— 做出了重要贡献.

(22) William Thurston (1946—2012). 他具有高度的原创性, 对 3-流形有根本性的贡献. 通过他的广义猜想, 他的工作和见解完全改变了 3 维拓扑学的形势.

(23) Gregori Aleksandrovich Margulis (1946—). 他对半单 Lie 群中格的许多结构性质和应用做出了根本性和高度原创性的贡献, 并开启了应用遍历理论解 Diophantus 方程的处理方法. Erlangen 纲领主要关注 Lie 群, Margulis 表明 Lie 群的离散子群在许多语境下的重要性.

(24) 丘成桐 (Shing-Tung Yau, 1949—). 他是最早把微分方程和几何学结合起来的人中的一个, 并用分析学解决了代数几何学、微分几何学和广义相对论中的许多突出问题. 他的问题名单对几何学的广阔领域有重大影响.

(25) Edward Witten (1951—). 他对数学做出了贡献并帮助填补了物理学和数学的一些领域之间的空白. 1990 年, 他成为第一个获得 Fields 奖的物理学家, 并且被广泛认为是世界上活着的最伟大的理论物理学家. Klein 一直喜欢物理学, 而且曾用物理观念说明 Riemann 对 Riemann 曲面上的函数论的工作的正当性.

本篇介绍引用了正文中的不少段落, 因译者不同, 表述会有一些差异. —— 编者注

再版说明

眼前的这份讲稿在当年出版时是与当时的最新数学成就紧密相连的, 过了十七年之后再来重版它, 是非常需要说明的. 难道从那时以来数学就没有发展, 或是这里所涉及的问题至今仍是最重要的? 我愿意用提问来回答: 在数学发展中什么才是重要的? 是仅仅获得其有潜在价值的新结果? 难道每个新时期科学研究的一个重要任务不是继承那个时期之前的研究成果?

Klein 教授为所有时代的数学家做出了杰出的榜样. 当数学家们取得丰富的成果并且相互之间还无关联时, Klein 教授能够揭示他们的工作之间最本质的联系, 并洞察到这些新方法最适合于哪些领域的发展.

他对于数学中什么是重要问题的直觉是令人信服的. 他对这份讲稿涉及的问题的研究中所体现的光辉思想完全能成

为后来的年轻学者从事这些问题研究的指南.

WILLIAM F. OSGOOD

波士顿, 剑桥, 1910 年 12 月 31 日

序言

在世界博览会会务部的支持下, 芝加哥数学大会于 1893 年 8 月 21 日至 26 日在芝加哥举行, 来自哥廷根大学的 Felix Klein 教授作为哥伦比亚展览会德国的大学参展专员之一参加了会议. 大会闭幕后, Klein 教授欣然同意与愿意参加的大会成员们举行一个数学学术讨论会 (colloquium). 位于伊利诺伊州埃文斯顿的西北大学 (Northwestern University at Evanston, Illinois) 提供了会场并从图书馆借出了一批数学书籍供讨论会使用. 下面就是出席这次讨论会的会员名单:

W. W. Beman, 文科硕士, 数学教授, 密歇根大学.

E. M. Blake, 理学博士, 数学讲师, 哥伦比亚学院.

O. Bolza, 理学博士, 数学副教授, 芝加哥大学.

H. T. Eddy, 理学博士, 罗斯理工学院院长.

A. M. Ely, 文科学士, 数学教授, 瓦萨尔学院.

F. Franklin, 理学博士, 数学教授, 约翰 · 霍普金斯大学.

T. F. Holgate, 理学博士, 数学讲师, 西北大学.

L. S. Hulburt, 文科硕士, 数学讲师, 约翰 · 霍普金斯大学.

F. H. Loud, 文科学士, 数学和天文学教授, 科罗拉多学院.

J. McMahon, 文科硕士, 数学助理教授, 康奈尔大学.

H. Maschke, 理学博士, 数学助理教授, 芝加哥大学.

E. H. Moore, 理学博士, 数学教授, 芝加哥大学.

J. E. Oliver, 文科硕士, 数学教授, 康奈尔大学.

A. M. Sawin, 理学硕士, 埃文斯顿.

W. E. Story, 理学博士, 数学教授, 克拉克大学.

E. Study, 理学博士, 数学教授, 马尔堡大学.

H. Taber, 理学博士, 数学助理教授, 克拉克大学.

H. W. Tyler, 理学博士, 数学教授, 麻省理工学院.

J. M. Van Vleck, 文科硕士, 法学博士, 数学和天文学教授, 威斯莱大学.

E. B. Van Vleck, 理学博士, 数学讲师, 威斯康星大学.

C. A. Waldo, 文科硕士, 数学教授, 德保大学.

H. S. White, 理学博士, 数学助理教授, 西北大学.

M. F. Winston, 文科学士, 数学荣誉研究员, 芝加哥大学.

A. Ziwet, 数学助理教授, 密歇根大学.

学术讨论会在 8 月 28 日至 9 月 9 日进行。在两个星期的时间里, Klein 教授每日进行一次讲座, 此外还用了大量时间进行个别交流和会议讨论. 讲座采用英语, 形式自由, 从内容上与这里公开发表的讲稿基本相同. 唯一不同的是, 讲稿删去了讲座中不断出现的对话与讨论, Klein 教授通过这种对话活跃了讲座的气氛. 我每天的笔记, 无论手稿和清样都由 Klein 教授仔细地审阅.

我们认为把 Klein 教授所写的一篇十分有趣的历史概述 ——《德国的大学》的译文作为本书的附录是恰当的. 译者是麻省理工学院的 H. W. Tyler 教授.

希望芝加哥数学大会的论文集尽快全文发表, 其中 Klein 教授的内容是最重要的部分. 大会提交的论文和宣读后的讨论是对埃文斯顿学术讨论会重要的补充. 的确, 在阅读这里出版的讲稿时我们应该记住, 这些讲座是紧接芝加哥大会之后所做的, 并且是针对参加大会的成员. 由于这个原因以及学术讨论会时间有限和非正式的特点, 讲座中涉及的一些课题没有得到充分的处理.

最后, 编者要对协助准备手稿和校对清样的 W. W. Beman 教授和 H. S. White 教授谨表谢意.

ALEXANDER ZIWET

安阿伯, 密歇根州, 1893 年 11 月

新版是用初版直接印刷的, 只改了几处印刷错误.

A. Z.

安阿伯, 1911 年 1 月

目录

第一讲

Clebsch

(1893 年 8 月 28 日)

我们这次讨论会的目的是回顾和考察德国数学思想最新进展的主要阶段.

19 世纪德国大学中数学发展进程的概要, 我已写入《德国的大学》(*Die deutschen Universitäten*) 一文中, 是由 *Lexis* 教授编辑出版 (Berlin, Asher, 1893) 并在世界博览会德国大学展台展出[1]. 应当说, 这篇概述所描述的严格而客观的观点只到 1870 年为止. 在目前这个非正式的演讲中, 无论时间或者

[1]这篇概述的译文见附录. —— 英译者注

观点都不必过于拘束. 我想要详细地讨论的正是从 1870 年起的发展进程, 我会用稍微主观的方式来谈论它, 强调我通过亲自参与或直接观察在其中发挥过作用的那些数学发展的特征.

第一周将主要专注于几何, 当然是在这个术语最广泛的意义上; 第一讲中, 选择著名的几何学家 *Clebsch* 作为中心人物肯定是合适的, 因为他是我的导师之一, 而且他的工作在美国负有盛名.

一般地说, 数学家可分为三种类型: *逻辑主义者*、*形式主义者*和*直觉主义者*. (1) 这里所用的*逻辑主义者*这个词, 当然与 Boole, Peirce 等人的数理逻辑无关, 仅仅是指这类数学家更擅长于逻辑的能力, 给出严格定义的能力, 以及进行严格演绎的能力. 在德国, *Weierstrass* 在这方面所产生的巨大而健康的影响是众所周知的. (2) 数学家中的*形式主义者*的主要优势是善于设计出一种 "规则系统" 来形式地处理问题. *Gordan*, 还有 *Cayley* 和 *Sylvester* 应当列入这一类. (3) *直觉主义者们*特别强调几何直觉 (*Anschauung*), 不仅在纯几何学上, 而且在数学的各个分支上都如此. Benjamin Peirce 所说的 "数学问题几何化" 似乎表达了这样的观念. *Kelvin* 勋爵和 *von Staudt* 可算作这一类型.

应当说 *Clebsch* 属于第二和第三这两种类型, 我把自己归为第三和第一类. 正是由于这个原因, 我对 Clebsch 工作的描述将是不完全的; 但是考虑到他以第二类特点所做出的那部分成就已在美国受到极大的欣赏, 上述缺陷也就不是那么严重的问题了. 一般来说, 我演讲的意图并不是对任何论题给出完整的描述, 只想对我在美国发现的流行的数学观点做一个补充.

我们必须确认 Clebsch 的第一个成就是他将先前 Cayley 和 Sylvester 在英国做的工作引入德国. 不过, 他不仅是把他们的不变量理论以及用这个理论来解释射影几何的方法移植到德国的土地上, 还将这个理论和 Riemann 函数论的基本思想富有成果地联系起来. 关于前者, 只要提到 Clebsch 下面的一些工作就够了:《几何讲座》(*Vorlesungen über Geometrie*), 这个讲座已由 Lindemann 编辑并继续进行编辑; 还有他的《二元代数形式》(*Binäre algebraische Formen*); 以及他与 Gordan 合作的工作. 关于他的工作的历史记录可在 *Math. Annalen*, 第 7 卷上刊登的 Clebsch 的传记中找到.

Riemann 在 1857 年[①]那篇著名的论文中用令人吃惊的新颖形式表述了函数论的新概念, 而这使它没有立刻被接受和认可. 他把 Abel 积分和它的逆 (Abel 函数) 的理论建立在众所周知的现在以他的名字命名的曲面的概念以及相应的基本存在定理 (*Existenztheoreme*) 之上. Clebsch 以方程定义代数曲线为起点, 使他那个时代的数学家更容易理解这个理论, 他还从 Abel 函数理论演绎出许多几何定理, 从而更加具体而有趣. Clebsch 的论文《Abel 函数的几何应用》(*Ueber die*

---

① *Theorie der Abel'schen Functionen*, Journal für reine und angewandte Mathematik, Vol. 54 (1857), pp. 115–155; reprinted in Riemann's *Werke*, 1876, pp. 81–135.

Anwendung der Abel'schen Functionen in der Geometrie)[1]以及 Clebsch 和 Gordan 关于 Abel 函数合写的书[2]都是美国数学家熟知的; 按照计划, 我只打算给出一些评论性的讨论.

无论 Clebsch 在使 Riemann 理论更容易被他同时代的人接受方面所做出的成绩多么巨大, 但是, 我个人认为 Clebsch 的书现在已经不能再看作学习 Abel 函数的标准入门书了. Clebsch 的描述主要有两个方面的缺陷: 一方面表现为缺乏数学的严谨性, 另一方面又丢失了明晰的几何直观性. 下面用几个例子来阐明我的意思.

(a) Clebsch 的全部研究建立在代数曲线最一般的类型上, 对这种一般曲线他假设只有二重点, 没有其他的奇点. 要使这个假设确实地成为一般曲线理论的基础, 必须证明任何代数曲线都能有理地转换为只有二重点的曲线. 而 Clebsch 并没有给出这个证明; 他的学生和后继者给出了证明, 但是既冗长又难懂. 参见 Brill 和 Nöther 在 *Math. Annalen*, 第 7 卷 (1874)[3] 上发表的论文, 以及 Nöther 在 *Math. Annalen*, 第 23 卷 (1884)[4] 上的论文.

---

[1] Journal für reine und angewandte Mathematik, Vol. 63 (1864), pp. 189–243.

[2] *Theorie der Abel'schen Functionen*, Leipzig, Teubner, 1866.

[3] *Ueber die algebraischen Functionen und ihre Anwendung in der Geometrie*, pp. 269–310.

[4] *Rationale Ausführung der Operationen in der Theorie der algebraischen Functionen*, pp. 311–358.

另一个同类型的缺陷出现在关于 Abel 积分的周期行列式上. 只要曲线不可约, 这个行列式就不会为零. 然而 Clebsch 和 Gordan 忽略了证明, 无论证明如何简单, 这也应当视为不严谨.

我们在 Clebsch 的著作中发现明显缺乏批判精神, 反映出他生活的几何时代的特征, 这个时代也包括 Steiner 等其他一些人. 不过这并没有减损他著作的优点. 但是, 函数论的重大影响教会了现在这一代人要更加严谨.

(b) 第二个反对采用 Clebsch 的书的理由是基于下面的事实, 按照 Riemann 的观点, 这个理论的许多要点变得更加简单, 甚至差不多是自明的, 然而在 Clebsch 的理论中它们的美感没有全都表现出来. 一个例子就是亏格 p 的概念. 在 Riemann 的理论中, p 表示曲面连通度的阶, p 在任何有理变换中的不变性是自明的, 而按照 Clebsch 的观点, 这个不变性必须用一个长长的消去过程来证明, 这个方法中没有体现真正的几何洞见.

基于这些理由, 在我看来 Abel 函数理论最好从 Riemann 的概念开始, 当然, 也不要忘记随后要给出纯粹的代数处理. 我关于 Abel 函数的论文就采用了这个方法①; 在 Fricke 博士编辑出版的《椭圆模函数》(*Die elliptischen Modulfunctionen*) 第 I 和 II 卷中也采用了这个方法. 关于代数曲线理论的历史发

① *Zur Theorie der Abel'schen Functionen*, Math. Annalen, Vol. 36 (1890), pp. 1–83.

展中的 Riemann 思想的全面介绍, 可在我发表于 1891—1892 年的 (石印) 讲稿《黎曼面》(*Riemann'sche Flächen*)[①]中找到.

如果采用这个安排, 就会十分有趣地发现代数的发展导致 Riemann 理论出现的真正关系. 因此, 在 Brill 和 Nöther 的理论中, 所谓 Nöther 基本定理就是最重要的了. 它给出了一个规则, 确定在什么条件下 x 和 y 的代数有理整函数 f 可以写成下面的形式

$$f = A\phi + B\psi,$$

其中 ϕ 和 ψ 同样是有理代数函数. 曲线 $\phi = 0$ 和 $\psi = 0$ 的每个交点当然都必为曲线 $f = 0$ 上的点. 但是还有多重点和奇点的问题; 这是由 Nöther 定理来处理的. 现在最有趣的就是研究当把 Riemann 的概念作为起点时这些关系是如何出现的.

采用 Riemann 原理的一个最好的实用性说明就是最近由 Hurwitz 在代数曲线理论, 特别在代数对应理论的扩展方面做出的十分卓越的成就,《椭圆模函数》(*Elliptische Modulfunctionen*) 第二卷有这方面的讨论. 作为一个基本定理 Cayley 曾经在这个理论中发现了一个规则, 可以对一类简单的代数对应

[①]我的石印讲稿通常只给出问题的大纲, 缺少细节和冗长的论证, 它设定学生以私下阅读及学习有关文献来进行补充.

确定其自对应点数. Brill 发表在 *Math. Annalen*[①]上的一系列极有价值的论文专注于这个定理的进一步研究和论证. 现在, Hurwitz 正从 Riemann 的思想出发攻克这个问题, 不仅得到了 Cayley 规则的更为简单和一般的证明, 而且取得了对所有可能的代数对应的完整研究成果. 他发现对于一般曲线 Cayley 和 Brill 考虑的对应是全部这样的对应, 在奇异曲线的情形下, 还有其他的对应并且也能完善地处理. 这些奇异曲线被它们的 Abel 积分周期的某种整系数线性关系所刻画.

现在让我们转向 Clebsch 的方法, 该方法我认为是最重要的, 而且必须被认定其拥有巨大而永久的价值; 我指的是 Clebsch 将 Abel 积分的全部理论推广到多个变量代数函数理论的方法. 他将讨论形如 $f(x,y)=0$ 或在齐次坐标下 $f(x_1,x_2,x_3)=0$ 的函数的方法, 推广到四个齐次变量的函数 $f(x_1,x_2,x_3,x_4)=0$. 他在 1868 年发现, 也存在一个数 p 在曲面 $f=0$ 的所有有理变换下保持不变. Clebsch 是在考察属于这个曲面的二重积分时得到这个结果的.

显然, 由 Riemann 的观点出发不可能发现这个结论. 不

---

① *Ueber zwei Berührungsprobleme*, Vol. 4 (1871), pp. 527–549. — *Ueber Entsprechen von Punktsystemen auf einer Curve*, Vol. 6 (1873), pp. 33–65. — *Ueber die Correspondenzformel*, Vol. 7 (1874), pp. 607–622. — *Ueber algebraische Correspondenzen*, Vol. 31 (1888), pp. 374–409. — *Ueber algebraische Correspondenzen. Zweite Abhandlung: Specialgruppen von Punkten einer algebraischen Curve*, Vol. 36 (1890), pp. 321–360.

难构想对应于方程 $f(x,y,z)=0$ 的 Riemann 四维空间. 困难在于对于这样的空间证明它的 "存在定理"; 甚至可以怀疑在这样的空间中类似的定理是否成立.

这个重大推广的基本思想属于 Clebsch, 但理论的细节是由他的学生和后继者做出的. 这主要是由 Nöther 进行的. 他指出, 在代数曲面的情形下, 存在着不止一个不变数 p 和对应的模数, 即在一对一变换下不变的常量. 意大利和法国的数学家, 特别是 Picard 和 Poincaré 对于这个理论的进一步发展也做出了很大的贡献.

如果一个科学工作者的价值不是根据他在各方面的一般活动, 而只是根据他最先在他的科学领域里引入富有成果的新思想, 那么上面讨论的理论应当看作是 Clebsch 最有价值的工作.

与前述紧密联系的是 Clebsch 在他最后的论文①中提出的、他本人十分重视的一般观点. 论文中包含了 Abel 函数理论在微分方程理论的一个应用. 大家熟知, 整个现代数学的中心问题就是研究由微分方程定义的超越函数. 现在 Clebsch, 如同他的 Abel 积分理论那样, 是如下进行的. 我们来考虑一个一阶常微分方程 $f(x,y,y')=0$ 作为一个例子, 其中 f 表示一个代数函数. 把 y' 看作第三个变量 z, 就得到了一个代数

① *Ueber ein neues Grundgebilde der analytischen Geometrie der Ebene*, Math. Annalen, Vol. 6 (1873), pp. 203–215.

曲面方程. 正如 Abel 积分可以按照在有理变换下保持不变的基本曲线的特性来分类那样, Clebsch 建议微分方程定义的超越函数按照对应的曲面 $f=0$ 在有理一对一变换下的不变性来分类.

目前, 微分方程理论正在被法国数学家极其广泛地发展了, 他们中的有些人正是按照 Clebsch 首先采用的观点来发展的.

第二讲

Sophus Lie

(1893 年 8 月 29 日)

要想完全了解 Sophus Lie 的数学天才, 不应去看现在出版的他和 Engel 博士合写的几本书, 而应去看他在其科学生涯的最初年月写的那些论文. 这些早期论文中, Lie 显示出他是一个真正的几何学家, 在他稍后发表的论文中, 他发现那些习惯于解析观点的数学家们对他不太理解, 于是他采用了一种很一般的分析形式来处理问题, 这种形式不总是容易被理解.

幸运的是, 我有幸很早就有机会熟悉 Lie 的思想, 这还是在它们还处于如化学家们说的 “初生态” 的时候, 那时易于产生极其强烈的反应. 我今天的演讲主要专注于他的论文《关于复形, 特别是直线与球的复形以及偏微分方程的应用》(*Ueber Complexe, insbesondere Linien-und Kugel-Complexe, mit Anwendung auf die Theorie partieller Differentialgleichungen*)①.

想要认定这篇论文在几何学发展史中的地位, 我们必须谈到两个较早的著名几何学家: Plücker (1801—1868) 和 Monge (1746—1818). 对数学家来说, Plücker 的名气来自于他关于代数曲线的公式. 不过现在主要要讲的是他关于空间元素的一般概念. 通常几何学中把点当作三维空间中的元素, 三个常数可确定点的位置. 对偶变换把平面作为元素; 这时空间也是三维的, 而平面方程有三个独立常量. 然而, 如果把直线选作空间元素, 空间就必须看作四维的, 因为四个独立常量才能确定一条直线. 再有, 如果把二次曲面 F_2 取作元素, 空间就是九维的, 因为确定这样一个元素需要九个量, 即曲面 F_2 的九个独立常数; 换句话说, 空间包含着 ∞^9 个二次曲面. 这个多维空间的概念必须与 Grassmann 等人的多维空间明确地区分开来. 事实上, Plücker 抛开了任何超过三维的空间概念, 认为它太深奥难懂. —— 这里, Monge 的重要著作是他在 1809 年发表的《解析几何的应用》(*Application de l'analyse à la géométrie*, 1850 年再版), 其中他处理了一、二阶常微分方程和偏微分方程, 并把这些结果应用到几何问题上, 如曲面的曲率、它们的曲率线、测地线等. 应用微积分学来处理几何问题

① *Math. Annalen*, Vol. 5 (1872), pp. 145–256.

是这本书的一大特点; 此外, 也许更为重要的是逆向应用, 也就是几何直觉对数学分析问题的应用.

最后这个特点正是 Lie 的工作最突出的特征; 他强力地采用了 Plücker 的一般空间元素这个基本概念并加以扩展, 有几个例子能很好地说明他研究工作的特点; 作为例子之一我选择 (正如我之前在别处做的那样) Lie 的球面几何学 (*Kugelgeometrie*).

取球面方程如下

$$x^2+y^2+z^2-2Bx-2Cy-2Dz+E=0,$$

系数 B, C, D, E 可看作球的坐标, 因而, 通常的空间看起来好像一个四维流形. 对于球的半径 R 有

$$R^2=B^2+C^2+D^2-E,$$

它表示第五分量 R 与四个坐标 B, C, D, E 的关系.

为了引进齐次坐标, 令

$$B=\frac{b}{a},\quad C=\frac{c}{a},\quad D=\frac{d}{a},\quad E=\frac{e}{a},\quad R=\frac{r}{a};$$

于是, $a:b:c:d:e$ 是球的五个齐次坐标, 而第六个量 r 与它们的联系要借助于二次齐次方程

$$r^2=b^2+c^2+d^2-ae. \tag{1}$$

处理球面几何必须小心地区分两种不同的方法. 一种方法, 可以称为初等球几何学, 只用到五个坐标 $a:b:c:d:e$,

另一种称为高等, 或者 *Lie* 氏, 球几何学, 其中引进了 r. 在后一种系统中, 一个球有六个齐次坐标 a, b, c, d, e, r, 它们由方程 (1) 相联系.

从更高的观点来区分这两种球几何学以及它们的特性, 最好的方法是考察属于它们各自的群. 事实上, 每个几何系统都由它的群所刻画, 其意义在我的 Erlangen 纲领①中已经做了解释; 即每个几何系统只处理在其变换群下保持不变的空间关系.

在初等球几何学中, 群是由 a, b, c, d, e 五个量的所有线性代换构成的, 这些线性变换使二次齐次方程

$$b^2 + c^2 + d^2 - ae = 0 \tag{2}$$

保持不变. 这有 $\infty^{25-15} = \infty^{10}$ 种代换. 采纳这个定义就得到了简单的点变换. 方程 (2) 的几何意义是半径为零. 每个零半径球, 也就是每个点, 因而也变换为一个点. 再有就是极面

$$2bb' + 2cc' + 2dd' - ae' - a'e = 0$$

在变换中也同样保持不变, 由此得出正交球变换成正交球. 因此, 初等球几何学的群被刻画为保形群, 它作为反演变换 (或半径倒数) 及其在数学物理中的应用而广为人知.

---

① *Vergleichende Betrachtungen über neuere geometrische Forschungen. Programm zum Eintritt in die philosophische Facultät und den Senat der k. Friedrich-Alexanders-Universität zu Erlangen.* Erlangen, Deichert, 1872. 由 Haskell 翻译的英译本, 见 the Bulletin of the New York Mathematical Society, Vol. 2 (1893), pp. 215–249.

Darboux 进一步发展了初等球几何学. 任何由关系 (2) 相联系的二次方程

$$F(a,b,c,d,e)=0,$$

就表示一个 Darboux 称作圆纹曲面 (cyclide) 的点曲面. 按通常的射影几何观点, 圆纹曲面是包含虚圆的四阶曲面, 它与空间所有的球都有公共的作为二重曲线的虚圆. 对圆纹曲面的详细研究可在 Darboux 的《曲面的一般理论及微积分学的几何应用教程》(*Leçons sur la théorie générale des surfaces et les applications géométriques du calcul infinitésimal*) 以及其他地方找到. 通常的二次曲面可看作圆纹曲面的特例, 于是, 我们就有了一个方法把二次曲面的已知性质推广到圆纹曲面. 哈佛大学的 M. Bôcher 先生在他的论文①中处理过位势理论的一个问题, 从已知表面为二次曲面的体的情形推广到表面为四次圆纹曲面的体. 几个月后 Bôcher 先生将发表这个论题的进一步推广 (莱比锡, Teubner 出版社).

在 Lie 的高等球几何学中, 六个齐次坐标 $a:b:c:d:e:r$ 如前所述是由二次齐次方程

$$b^2+c^2+d^2-r^2-ae=0$$

相联系的.

对应的群选定为将方程变换成它自己的线性代换群. 故而我们的群有 $\infty^{36-21}=\infty^{15}$ 个代换. 但是这并非点变换群,

① *Ueber die Reihenentwickelungen der Potentialtheorie*, gekrönte Preisschrift, Göttingen, Dieterich, 1891.

因为一个半径为零的球变成一个球, 而它的半径一般地并不是零. 例如

$$B' = B, \quad C' = C, \quad D' = D, \quad E' = E, \quad R' = R + \text{const.},$$

这个变换将每个球都扩张或膨胀了, 一个点就变成一个给定半径的球了.

极面方程

$$2bb' + 2cc' + 2dd' - 2rr' - ae' - a'e = 0$$

对群中的任何变换保持不变的含义是明显的, 即原来相切的球仍然保持相切. 因此, 这个群属于重要的接触变换类, 下面来对它进行更为详细的讨论.

研究任何特殊的几何学, 例如 Lie 氏球几何学, 有两种方法.

(1) 我们考察各种次数的方程并且问它们表示什么. 对于这样得到的不同构形, Lie 采用了 Plücker 在他的直线几何学中引进的名字. 单个方程

$$F(a, b, c, d, e, r) = 0,$$

按照方程的次数就说它表示一个一阶、二阶 $\cdots\cdots$ 的复形; 因而, 一个球的复形包含 ∞^3 个球. 两个这样的方程,

$$F_1 = 0, \quad F_2 = 0$$

表示包含 ∞^2 个球的球汇. 三个方程,

$$F_1 = 0, \quad F_2 = 0, \quad F_3 = 0$$

被说成表示球的集合, 有 ∞^1 个球. 应当记住, 每种情形下方程都是二次的,

$$b^2 + c^2 + d^2 - r^2 - ae = 0$$

要结合方程 $F = 0$ 来理解.

应该特别地说一下, 另外一些数学家在初等球几何学中也用过同样的名字, 当然, 在那里它的意义是不一样的.

(2) 另一种研究新几何学的方法要问: 点几何学通常的构形如何才能用新系统来处理. 这种问法的思路引导 Lie 取得了极其有趣的结果.

在通常的几何学中, 曲面被想象成点的轨迹; 而在 Lie 几何学中却是作为与曲面相切的所有球的总体出现的. 这就给了三维无穷多个球或者一个球集

$$F(a, b, c, d, e, r) = 0.$$

当然, 这不是一个一般的球集; 因为不是每个球集都与一个曲面相切. 已经证明假如球集中所有的球都与一个曲面相切, 那么这个球集必须满足如下的条件:

$$\left(\frac{\partial F}{\partial b}\right)^2 + \left(\frac{\partial F}{\partial c}\right)^2 + \left(\frac{\partial F}{\partial d}\right)^2 - \left(\frac{\partial F}{\partial r}\right)^2 - \frac{\partial F}{\partial a}\frac{\partial F}{\partial e} = 0.$$

为给这个有趣理论进一步发展提供至少一个例子, 在这里我提一下与曲面相切于任一点的无限多个球当中存在着两个与曲面有稳定切点的球; 它们称为*主球*. 曲面的曲率线可以定义为沿着主球与曲面的两个相邻切点的曲线.

Plücker 的直线几何学也能用刚才说的那两种方法来研究. 在这个几何学中, 令 $p_{12}, p_{13}, p_{14}, p_{34}, p_{42}, p_{23}$ 为通常的六个齐次坐标, 其中 $p_{ik} = -p_{ki}$. 于是有恒等式

$$p_{12}p_{34} + p_{13}p_{42} + p_{14}p_{23} = 0,$$

并且有 ∞^{15} 个线性代换的群把方程变为它自己. 这个群对应于共线变换和反演变换的总体, 即射影群. 得出这样结论的原因在于极方程

$$p_{12}p'_{34} + p_{13}p'_{42} + p_{14}p'_{23} + p_{34}p'_{12} + p_{42}p'_{13} + p_{23}p'_{14} = 0$$

表示两条直线 p, p' 相交.

Lie 在 Plücker 的直线几何学与他自己的球几何学之间建立了极为有意义的比较. 每种几何学中都出现了用二次齐次方程相联系的六个齐次坐标, 每个齐次方程的判别式都不为零. 这样就可以通过线性代换从一种几何学过渡到另一种几何学. 因此, 把

$$p_{12}p_{34} + p_{13}p_{42} + p_{14}p_{23} = 0$$

变换成

$$b^2 + c^2 + d^2 - r^2 - ae = 0,$$

只作如下假设就够了:

$$\begin{aligned} p_{12} &= b + ic, \quad & p_{13} &= d + r, \quad & p_{14} &= -a, \\ p_{34} &= b - ic, \quad & p_{42} &= d - r, \quad & p_{23} &= e. \end{aligned}$$

由代换的线性性质, 极方程也同样地相互变换. 于是就得到了引人注目的结果: 相切的两个球对应于相交的两条直线.

值得注意, 变换的方程中含有虚数单位 i; 由二次型惰性定律立刻可以得出虚数的引入是不可避免, 而且是本质的.

要阐明把直线几何学转为球几何学的变换及其逆变换的价值, 我们来考察三个线性方程,

$$F_1 = 0, \quad F_2 = 0, \quad F_3 = 0,$$

其中的变量或者是直线坐标或者是球坐标. 前一种情形中, 三个方程表示直线集; 也就是单叶双曲面的两个直线集之一. 我们知道每个集的每条直线都与另一集的所有直线相交. 转换到球几何学, 就得到球集, 它对应于每个直线集; 而且任意集的每个球都必须与另一集的每个球相切. 这就给出了几何中得自其他研究的一个熟知的构形, 所有这些球包络称为 Dupin 纹面的曲面. 这就在单叶双曲面和 Dupin 圆纹曲面之间找到了一个值得注意的关系.

也许 Lie 的工作中最为突出而富有成效的例子是他通过变换发现了曲面的曲率线变成了变换所得曲面的渐近线及其逆关系. 这可由将上面给出的曲率线的定义逐字翻译成直线几何学的语言而得到. 于是微分几何中长期以来认为是完全不相干的两个问题实际上是同一个问题. 这确实必须看作近来对微分几何做出的最优美的贡献.

第三讲

Sophus Lie

(1893 年 8 月 30 日)

解析函数与代数函数的区别在纯粹的分析学中是非常重要的. 这种区别也影响到了几何学的处理.

解析函数是能用幂级数表示的函数, 它在称为收敛圆的某个范围内收敛. 在这个范围之外, 解析函数就不预先给定; 把它延展到更大的范围需要进行特别研究, 并按特殊情况, 可能会得到很不同的结果.

另一方面, 一个代数函数, $w = \mathrm{Alg.}(z)$, 在整个复平面上被假定为已知的, 对每个值 z 它只有有限多个值.

同样, 在几何学中, 可以把我们的注意限制在解析曲线或曲面的有限部分之内, 例如, 构造切线, 研究曲率, 等等; 或者我们必须考察空间中全部代数曲线和曲面.

微积分学在几何学中的应用差不多全都属于前一种几何. 因为解析几何是本次讲座中我们关心的主要课题, 我们不必限于代数函数, 还可以应用在空间有限范围内的更一般的解析函数. 因为在美国代数曲线的研究可能占有太大的优势, 我想在这里说明一下是适当的.

前一讲中已经指出了引进空间新元素的可能性, 今天我们将再次用到新的空间元素, 它由曲面 (或者更确切地说它的切面) 上一个无穷小片及其上选定的一个点组成. 虽然不很适当, 它被称为*曲面元素* (*Flächenelement*), 也许可以把它比作无穷小鱼鳞片. 从更为抽象的观点来看, 也可以把它简单地定义为一个平面和在其中的一个点的组合.

经过一个点 (x, y, z) 的平面方程可写成

$$z' - z = p(x' - x) + q(y' - y),$$

x', y', z' 是流动坐标, 而 x, y, z, p, q 是曲面元素坐标, 这样空间就成了五维流形. 如果使用齐次坐标, 平面 (u_1, u_2, u_3, u_4) 经过点 (x_1, x_2, x_3, x_4) 的条件是

$$x_1u_1 + x_2u_2 + x_3u_3 + x_4u_4 = 0,$$

此方程同时表明平面和点的位置; 如前, 独立常量的个数是 $3 + 3 - 1 = 5$.

现在来看看通常的几何学在这里是如何表述的. 一个点, 看作经过它的所有曲面元素的轨迹, 表示一个二维流形, 为简单起见可记为 M_2. 一条曲线被表示为其点在曲线上且其平面过切线的所有曲面元素的总体, 这些曲面元素也构成 M_2. 最后, 一个曲面由其点在曲面上且其平面与曲面的切平面重合的所有那些曲面元素给定, 它们也构成了 M_2.

所有这些 M_2 有一个共同的重要性质: 属于同一个点、曲线或曲面的任意两个相邻的曲面元素总满足条件

$$dz - pdx - qdy = 0,$$

这是 Pfaffian 关系式的简单情形; 反之, 如果两个曲面元素满足这个条件, 它们必定分别属于同一个点、曲线或曲面.

于是, 我们得到了一个非常有趣的结果: 在曲面元素几何学中, 点、曲线、曲面都一样地表示为具有上述性质的二维流形. 这个定义尤其重要. 因为没有其他的 M_2 具有同样的性质.

现在来考察被称为 Lie 接触变换的非常一般的变换类. 它们是用下面这样把我们的元素 (x, y, z, p, q) 变成 (x', y', z', p', q') 的一类变换

$$x' = \phi(x, y, z, p, q), \quad y' = \psi(x, y, z, p, q),$$
$$z' = \cdots, \quad p' = \cdots, \quad q' = \cdots,$$

而且将微分方程

$$dz - pdx - qdy = 0$$

变成它自己. 这个变换的几何意义是明显的, 即把任意具有上面给定性质的 M_2 变成具有相同性质的 M_2. 例如, 一个曲面一般地变成一个曲面, 在特殊情形下也可能变成一个点或一条曲线. 此外, 我们来考察有一个切点, 也就是有一个公共曲面元素的两个流形 M_2; 这两个 M_2 被变换成仍有切点的另外两个 M_2. 由这个特征, Lie 给它起的名字应该可以理解了.

接触变换如此重要, 又出现得如此频繁, 以至于这种变换的特殊情形很早就引起了几何学家的注意, 然而在当时, 既没有这个名称也没有这种观点, 也就是说, 没有将其看作接触变换, 因而人们也就无法真正洞悉它们的特性.

我在 1892—1893 年的冬季学期发表的 (石印) 讲义《高等几何》(*Höhere Geometrie*) 中有大量接触变换的例子. 在齿轮问题中可以找到一个二维的例子. 给定一个齿轮的轮齿的轮廓线, 要找出另一个齿轮的轮齿的轮廓线. 借助于模型我在芝加哥展览会德国大学展台上向你们解释过这种方法.

在天文学的摄动理论中可以找到另一个例子, Lagrange 的参数变分法用于三体问题等价于较高维空间的接触变换.

昨天研究的 ∞^{15} 代换群在直线几何中也是接触变换群, 共线变换和反演变换两者都有这个特性. 反演变换给出了第一个点到平面 (也就是曲面), 以及曲线到可展开面 (也是曲面) 的一个熟悉的实例. 在这里, 这些曲线的变换被当作把点或曲线*元素*变成曲面*元素*的变换.

最后, 不只在上次讲座讨论球变换中有接触变换的例子,甚至在 Plücker 的直线几何学转换为 Lie 的球几何学时也有. 让我们更加详细地考察后一种情形.

首先, 两条直线相交自然就有一个公共曲面元素; 而在我们的变换下, 对应的球相切, 也必有一个公共的曲面元素. 更细致地考察直线的曲面元素与球的曲面元素之间的关联性是十分有意义的, 尽管它是由含虚数的公式给定的. 例如, 取属于一个球上的圆的曲面元素的总体; 可以称为元素的圆集. 在直线几何中它对应于沿着斜曲面的一条母线的曲面元素集, 等等. 于是, 关于曲率线变换为渐近线的定理现在就是自明的了. 考察曲面的曲率线可以换成考察对应的曲面元素, 并称之为曲率集. 类似地, 渐近线可以用沿这条直线的曲面元素来代替; 可称为密切集. 两个集之间的对应关系立刻可以由下面的事实看出: 当一个密切集的两个相邻元素属于同一条直线时, 我们考察的曲率集的两个相邻元素属于同一个球.

接触变换最重要的应用之一出现在偏微分方程理论之中; 这里, 我仅限于讨论一阶偏微分方程. 按照我们的新观点, 这个理论更为清晰明白了, 由 Lagrange 和 Monge 引进的那些术语, "解"、"通解"、"全解"、"奇解" 的真正含义也就更加清楚了.

我们来考察一阶偏微分方程

$$f(x, y, z, p, q) = 0.$$

在旧理论中, 方程是按 p 和 q 进入的不同方式来区分的. 因此, p 和 q 只进到一阶时, 方程就称为线性的. 如果 p 和 q 两者都空缺, 则方程就完全不被当作微分方程了. 正如下面将会看到的, 从 Lie 的新几何学这个更高的观点出发, 这种区别将完全消失.

整个空间中所有曲面元素数自然是 ∞^5. 由于它们满足方程, 我们从中选出一个有 ∞^4 个元素的四维流形 M_4. 要找出方程的一个 "解", 按 Lie 几何学的意思就是从 M_4 中挑选出具有特征性质的二维流形 M_2; 至于这个 M_2 是一个点、一条曲线还是一个曲面, 在这里是没有区别的. 找出 Lagrange 所说的 "全解", 就是把 M_4 分解为 ∞^2 个 M_2. 这当然可用无限多种方法做到. 最后, 如果从 ∞^2 个 M_2 中取出任意一个单无限集, 在这集的包络中就成了 Lagrange 所说的 "通解". 这些说法对所有一阶偏微分方程普遍成立, 即便对极其特殊形式的方程也是如此.

作为一个例子, 我们来说明形如 $f(x, y, z) = 0$ 的方程在何种意义下可以看作偏微分方程, 它的解又是什么意思. 为此, 考察 $z = 0$ 这个非常特殊的情形. 在通常的坐标系中, 这个方程表示 xy 平面上所有的点, 在 Lie 系统中, 它当然表示点在平面中的所有*曲面元素*. 这时, 没有比指定一个 "全解" 更简单的事了: 我们只需取平面上的 ∞^2 个点, 则每个点是方程的一个 M_2. 要导出 "通解" 就必须取得平面上所有可能的最简单的无限点集, 也就是说任何曲线, 然后构成属于这些点的曲面元素的包络; 换句话说, 必须取与曲线相切的元素. 最后, 平面本身自然表示一个 "奇解".

这个简单例子的非凡的意义与重要性在于这样一个事实,

每个一阶偏微分方程都能由一个接触变换变为 $z=0$ 这个特殊情形. 因此, 上面概括的整个解的处置方法是普遍成立的.

根据 Lie 的理论, 人们对长期以来被认作的经典问题的意义有了一种全新的、更加深入的认识, 同时一大批新问题明朗化了并且在这里找到了答案.

这里只能简单地提一下, Lie 用类似的原理对二阶偏微分方程理论也做了许多工作.

目前, Lie 最知名的工作是他的连续变换群理论, 初看起来, 这个理论与前两讲中特别注意的几何思考似乎没多大联系. 因此, 我想需要在这里指出这个联系. *从一开始, Lie 的最终目标就是发展微分方程理论*, 次要的目的才是这两次讲座中讨论的几何发展和连续群理论.

关于这次和前两次讲座的细节, 我建议大家参考 1892—1893 年我在哥廷根发表的 (石印) 讲义《高等几何》(*Höhere Geometrie*). 曲面元素理论在 Lie 和 Engel 的《变换群理论》(*Theorie der Transformationsgruppen*, 莱比锡, Teubner 出版社, 1890) 第二卷中也有充分的论述.

第四讲

关于代数曲线和曲面的实形

(1893 年 8 月 31 日)

现在我们转向代数函数, 特别转向与这类函数对应的实际几何形状的问题. 几何形式的实形式和代数曲线与曲面实际形状问题长期以来有些被忽略了. 否则, 很难解释为什么 Cayley 的射影度量理论和非欧几何之间的联系没有立即被发现. 这些问题至今也未得到应有的重视, 下面我想给出这个论题的一个历史梗概, 当然, 不可能很完整.

牛顿 (Isaac Newton) 的不朽的贡献之一是他首先研究了

三次平面曲线的形状. 他的《三次曲线枚举》[1] (*Enumeratio linearum tertii ordinis*) 显示出他对射影几何有着十分清晰的概念; 他说所有的三次曲线都能从五种基本型 (图 1) 利用中心射影导出. 不过我希望你们特别注意 Möbius 的论文《论三次曲线的基本形状》[2] (*Ueber die Grundformen der Linien der dritten Ordnung*), 其中三次曲线的形状完全由纯粹的几何方法导出. 由于论文中极其漂亮的处理, 它推动了后续所有沿着这个思路的研究, 我将在后面提到他们.

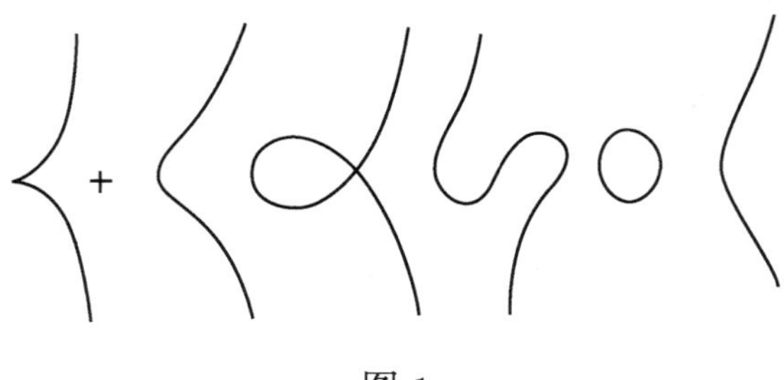

图 1

1872 年在哥廷根, 我们研究了三次曲面的形状. 此时, 作为一个特例, Clebsch 用 27 条实线构造了漂亮的对角曲面模型, 在展览会上我已经给大家展示过了. 曲面方程可以写成简单的形式:

$$\sum_1^5 x_i = 0, \quad \sum_1^5 x_i^3 = 0,$$

[1] 首次作为 Newton 的《光学》(*Opticks*) 的附录发表, 1704.

[2] Abhandlungen der Königl. Sächsischen Gesellschaft der Wissenschaften, math.-phys. Klasse, Vol. I (1852), pp. 1–82; 重印在 Möbius 的 *Gesammelte Werke*, Vol. II (1886), pp. 89–176.

这表示曲面可以由 x 的 120 个置换变为它自己.

这里要提到一个普遍的法则, 为构造模型选择特例的首选条件是正则性. 把模型选成对称型, 不只是用起来方便, 更重要的是可使模型具有容易留下深刻印象的特点.

Clebsch 的研究促使我转向确定三次曲面所有可能形状的一般问题①. 我证实了这样一个事实, 由于连续性原理三次实曲面的所有形状都能由具有四个实锥顶点的特殊曲面导出. 在世界博览会上, 我也向你们展示了这个曲面, 并说明了对角曲面是如何由它导出的. 但是首要的是我的观点须能穷尽所有的曲面; 如果不能证明这个方法有穷尽性, 那么不论导出多少特殊的形状, 它的价值仍然不大. Rodenberg 为 Brill 的收藏建造了三次曲面主要形式的典型例子的模型.

在 *Math. Annalen*, 第 7 卷 (1874) 中, Zeuthen②详细地讨论了四次平面曲线 (C_4) 的各种形式. 他特别考察了在这些曲线上二重切线的实形式, 这样的切线有 28 条, 当曲线由四个分离的封闭部分组成时它们全是实的 (图 2). 特别有意义的是 Zeuthen 关于四次曲线的研究和我的三次曲面研究的关系, 这一点 Zeuthen 本人已经做了说明③. 在这之前, Geiser

---

①参见我的论文 *Ueber Flächen dritter Ordnung*, Math. Annalen, Vol. 6 (1873), pp. 551–581.

② *Sur les différentes formes des courbes planes du quatrième ordre*, pp. 410–432.

③ *Études des propriétés de situation des surfaces cubiques*, Math. Annalen, Vol. 8 (1875), pp. 1–30.

已经注意到如果一个三次曲面由曲面上的一个点投影到一个平面上, 则射影的周线是一条四次曲线, 而且每一条四次曲线都能用这个方法生成. 如果选定有四个锥顶点的曲面, 那么所得的四次曲线就有四个二重点; 即它分解成两条二次曲线 (图 3). 考察图中的阴影部分, 由连续性原理, 可以看出如何得到四次曲面的四个卵形线 (图 2). 这恰好对应由四个锥顶点的三次曲面导出对角曲面.

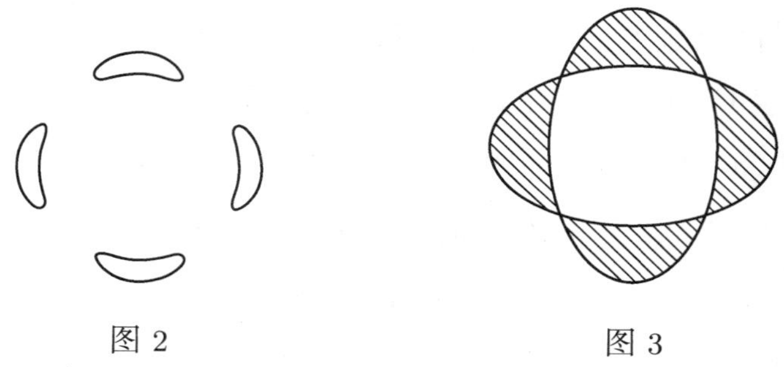

图 2　　　　图 3

在一般分类问题与寻找所有的基本型方面扩展连续性原理的应用以弄清 n 次曲线的形状的企图, 迄今为止都证明是徒劳的. 当然还是得到了一些重要的结果. 这里要提到 Harnack 的论文[①]以及 Hilbert 最新的论文[②]. Harnack 发现, 如果 p 是曲线的亏格, 则曲线分支的最大数就是 $p+1$; 而 $p+1$ 个分支的曲线确实是存在的. Hilbert 的论文中有一大批有趣的特殊结果, 我们这个简短的概述是无法涉及的.

[①] *Ueber die Vieltheiligkeit der ebenen algebraischen Curven*, Math. Annalen, Vol. 10 (1876), pp. 189–198.

[②] *Ueber die reellen Züge algebraischer Curven*, Math. Annalen, Vol. 38 (1891), pp. 115–138.

我自己发现了实奇点数之间一个奇特的关系[①]. 用 n 表示曲线的次数, k 表示类, 只考虑单奇点, 我们有三种二重点, d' 个平常二重点, d'' 个孤立实二重点, 此外还有虚二重点; 于是有 r' 个实尖点, 还有虚尖点; 类似地, 由对偶原理, t' 个平常二重切线, t'' 个孤立实二重切线, 此外还有虚二重切线; 也有 w' 个实拐点, 还有虚拐点. 由连续性原理可以证明下面的关系成立:

$$n + w' + 2t'' = k + r' + 2d''.$$

这个普遍适用的定律包含着三次或四次曲线所有已知的知识. 几位学者已在更多的代数意义下推广了这个关系式. 此外, Brill 在 *Math. Annalen*, 第 16 卷 (1880) 发表的论文[②]中指出, 含有更高奇点时, 公式必须修改.

Rohn 研究了大量的有关四次曲面的特例; 但他并没有穷尽所有可能. 在特殊的四次曲面中, 有 16 个锥顶点的 Kummer 曲面是最重要的曲面之一. Plücker 应用他的线丛理论所构造的所有模型都是 Kummer 曲面的特例. 这个曲面的某些类型也包含在 Brill 的收藏中. 但是, 自从 Rohn 找到了下面这个有趣而全面的结果以后, 这些模型现在已经不太重要了. 想象每组有四条母线的二次曲面 (图 4). 按照曲面的性质和实的、非实的, 或者母线重合等特点, 可能有许许多多特例; 然

[①] *Eine neue Relation zwischen den Singularitäten einer algebraischen Curve*, Math. Annalen, Vol. 10 (1876), pp. 199–209.

[②] *Ueber Singularitäten ebener algebraischer Curven und eine neue Curvenspecies*, pp. 348–408.

而, 这些特例必须用相同的方法处理. 在这里, 我们限于讨论每组有四条不同母线的单叶双曲面的情形. 这些母线把曲面分成 16 个区域. 如图给交错区域加上阴影, 注意双阴影区域而忽略无阴影区域, 我们就得到一个曲面, 它由只靠母线交点结合在一起的八个分离的封闭区域组成; 这就是有 16 个实二重点的 Kummer 曲面. Rohn 关于 Kummer 曲面的研究可在 *Math. Annalen*, 第 18 卷 (1881)①中找到; 他更多关于四次曲面的一般研究发表在 *Math. Annalen*, 第 29 卷 (1887)②.

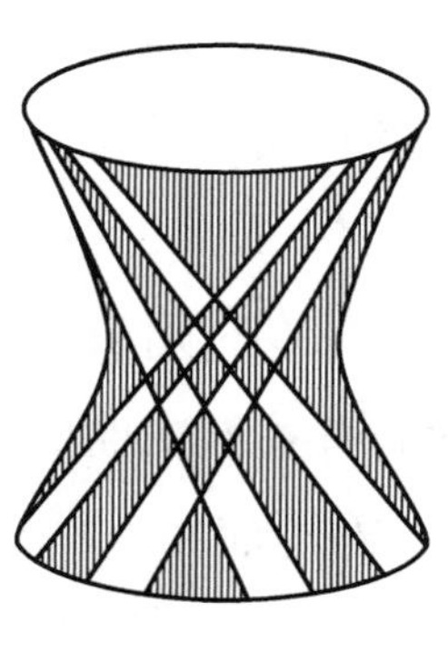

图 4

还有另外的方法来研究曲线 (不是曲面) 的形状, 那就是运用 Riemann 的理论. 首先要解决的问题是在平面曲线和 Riemann 曲面之间建立联系, 正如我在 *Math. Annalen*, 第

① *Die verschiedenen Gestalten der Kummer'schen Fläche*, pp. 99–159.

② *Die Flächen vierter Ordnung hinsichtlich ihrer Knotenpunkte und ihrer Gestaltung*, pp. 81–96.

7 卷 (1874)[1] 中做的那样. 我们来考察三次曲线; 它的亏格是 $p=1$. 现在我们知道在 Riemann 理论中, 亏格是对应于 Riemann 曲面连通性的度量, 因而, 在当前情形下这个曲面必是环面或者环形圆纹曲面. 问题是: 环形圆纹曲面能对三次曲线做点什么呢? 考察形如图 5 表示的第三类曲线最容易理解这个联系. 易见, 经过平面内任何一点都可画出这条曲线的三条切线, 如果把点选在卵形线分支外或三角形分支内, 则三条都是实切线; 但是如果点在阴影区域, 那么, 就只有一条是实的, 另外两条切线都是虚的. 因为, 有两条虚切线对应着这个区域的每个点, 让我们想象它被双重蔓叶线覆盖, 沿着这曲线的两叶当然应看成是相连接的. 这样, 我们就得到了一个曲面, 它可以被当作属于这条曲线的 Riemann 曲面, 曲面上每个点都对应着曲线的一条切线. 这就是我们的环形圆纹曲面. 如果在这样一个曲面上研究积分, 它将是双周期性的, 这个正确的推理揭露了椭圆积分与第三类曲线的联系; 由对偶关系, 也就是椭圆积分与三阶曲线的联系.

再往后发展就过渡到 Riemann 曲面的一般理论了. 实曲线自然是对应于对称 Riemann 曲面, 这也就是在第二类共形变换 (即逆转角指向的变换) 下再次生成自己的曲面. 现在容易枚举属于给定 p 的不同的对称类型了. 结果是有 $p+1$ 个 “对角对称” 和 $\left[\dfrac{p+1}{2}\right]$ 个 “正交对称” 情形. 如果我们用对称线表示在共形变换下直线上的点保持不变的任意一条直线,

[1] *Ueber eine neue Art der Riemann'schen Flächen*, pp. 558–566.

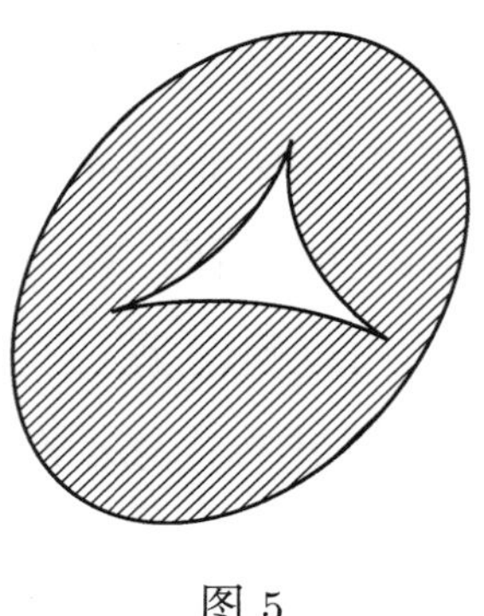

图 5

那么对角对称情形分别含有 $p, p-1, \cdots, 2, 1, 0$ 条对称线, 而正交对称情形就含有 $p+1, p-1, p-3, \cdots$ 条这样的对称线. 一个曲面称为对角对称或者正交对称全看它是否不被或者被所有对称线割裂为两部分. 在我的关于 Riemann 理论的小册子[①] 中提到, 这些例子包含了实曲线的一般分类. 1892 年夏天, 我继续研究这个理论, 并且得到了关于可用 Abel 积分处理曲线方程的实根的一大批命题. 可对照 *Math. Annalen*[②] 最近的一卷和我的讲稿《黎曼面》(*Riemann' sche Flächen*) 第二卷.

正如我用今天所讲的同样的方法考察了通常的代数曲线和曲面那样, 研究所有的代数构形从而达到这些对象真正的几何直觉是很有意思的事情.

---

① *Ueber Riemann's Theorie der algebraischen Functionen und ihrer Integrale*, Leipzig, Teubner, 1882. Frances Hardcastle 的英译本 (London, Macmillan) 刚出版.

② *Ueber Realitätsverhältnisse bei der einem beliebigen Geschlechte zugehörigen Normalcurve der* ϕ, Vol. 42 (1893), pp. 1–29.

最后, 我想特别强调一下今天论述的几何方法的主要特点: 这些方法给我们讨论的构形以实际的思维形象, 而这正是我认为所有真实几何学中最本质的东西. 正因为如此, 通常所说的综合法并不能使我满意. 尽管它对特例可以详细地阐述其构造, 但在提供作为整体构形的一般观点时却是完全失败的.

第五讲

函数论与几何学

(1893 年 9 月 1 日)

复变函数 $w = f(z)$, 其中 $w = u + iv$, $z = x + iy$, 的几何表示可由构造两个曲面 $u = \varphi(x, y)$, $v = \psi(x, y)$ 的模型而得. 这个设想由 Dyck 构造的模型得以实现, 我在展览会上已经向你们展示过这些模型.

Riemann 提出的另一个著名的方法是由平面上两个复变量以通常的方式相互表示. z-平面上的每个点对应着 w-平面上的一个或多个点; 当 z 在平面上移动时, w 就在另一个平面上描绘出对应的曲线. 可以把 Holzmüller 的书①作为一本很好的初级入门书, 书中有大量的特例和绘图说明.

在高级研究中, 引起兴趣的不再是对应的曲线, 而是两个平面上的对应面积或区域. 按照 Riemann 关于共形表示的基本定理, 两个单连通域常可相互共形对应, 这样, 一个就是另一个的共形表示 (*Abbildung*). 在对应中, 有三个常量允许我们选择一个区域边界上的三个任意点对应着另一个区域边界上的三个任意点. 因此, Riemann 理论借用共形表示提供了任意函数的几何定义.

这个结果建议我们用这个方法来探索涉及超越函数性质时可能得出一些结果. 在初等超越函数之后, 椭圆函数通常被看作最为重要的超越函数. 然而, 还有另一类至少是同样重要的函数, 因为它们大量应用于天文学和数学物理; 这就是超几何函数, 这个叫法来源于它们与 Gauss 的超几何级数的联系.

超几何函数可以定义为如下的二阶线性微分方程的积分:

$$\begin{aligned}\frac{d^2w}{dz^2} &+ \left[\frac{1-\lambda'-\lambda''}{z-a}(a-b)(a-c) + \frac{1-\mu'-\mu''}{z-b}(b-c)(b-a)\right.\\ &\left.+ \frac{1-\nu'-\nu''}{z-c}(c-a)(c-b)\right]\frac{dw}{dz} + \left[\frac{\lambda'\lambda''(a-b)(a-c)}{z-a}\right.\\ &\left.+ \frac{\mu'\mu''(b-c)(b-a)}{z-b} + \frac{\nu'\nu''(c-a)(c-b)}{z-c}\right]\\ &\cdot \frac{w}{(z-a)(z-b)(z-c)} = 0,\end{aligned}$$

① *Einführung in die Theorie der isogonalen Verwandtschaften und der conformen Abbildungen, verbunden mit Anwendungen auf mathematische Physik*, Leipzig, Teubner, 1882.

其中 $z = a, b, c$ 是三个奇点, 而 $\lambda', \lambda''; \mu', \mu''; \nu', \nu''$ 分别是 a, b, c 的指数.

如果 w_1 是一个特解, 而 w_2 是另一个特解, 则通解就可写成 $\alpha w_1 + \beta w_2$, 其中 α, β 是任意常数; 于是

$$\alpha w_1 + \beta w_2 \quad \text{和} \quad \gamma w_1 + \delta w_2$$

就表示一对通解.

引进商 $\dfrac{w_1}{w_2} = \eta(z)$ 为新变量, 它最一般的值是 $\dfrac{\alpha w_1+\beta w_2}{\gamma w_1+\delta w_2} = \dfrac{\alpha\eta + \beta}{\gamma\eta + \delta}$, 其中含有三个任意常数. 因此 η 满足一个三阶微分方程, 这就是

$$\begin{aligned} &\frac{\eta'''}{\eta'} - \frac{3}{2}\left(\frac{\eta''}{\eta'}\right)^2 \\ &= \frac{1}{(z-a)(z-b)(z-c)}\left[\frac{\frac{1-\lambda^2}{2}}{z-a}(a-b)(a-c)\right. \\ &\quad \left. +\frac{\frac{1-\mu^2}{2}}{z-b}(b-c)(b-a)+\frac{\frac{1-\nu^2}{2}}{z-c}(c-a)(c-b)\right], \end{aligned}$$

左边具有在线性变换下不变的特性, 因此称为微分不变式. Cayley 曾把这个函数命名为 Schwarz 导数; 它成了 Sylvester 研究倒数的起点. 而右边,

$$\pm\lambda = \lambda' - \lambda'', \quad \pm\mu = \mu' - \mu'', \quad \pm\nu = \nu' - \nu''.$$

作为共形表示 (图 6), 设点 a, b, c 在实轴上, 且假定 λ, μ, ν 为实数, η-函数每个分支将 z-平面的上半部分变换到以三个圆

弧为边界的三角形区域 abc 之内; 我们把这样一个区域称作圆弧三角形 (*Kreisbogendreieck*). 这个三角形的顶角是 $\lambda\pi, \mu\pi, \nu\pi$.

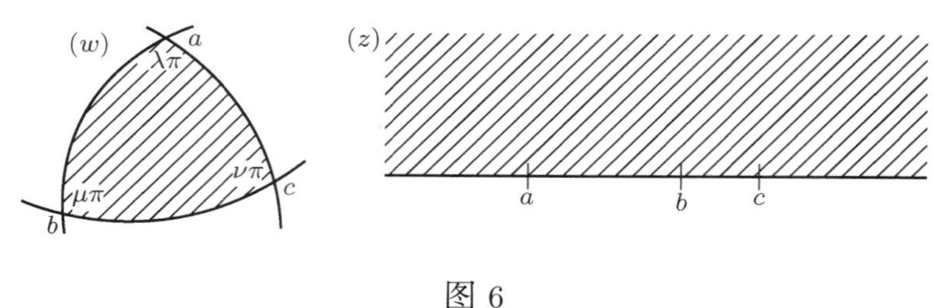

图 6

我们必须把这个几何表示当作讨论的基础. 为了由此导出微分方程定义的超越函数的性质, 显然必须要问这样的圆弧三角形在最一般的情形下的形式是什么. 注意到常数 λ, μ, ν 的值没有任何限制, 因此, 三角形的角也不必一定是锐角, 甚至不一定是凸的; 换句话说, 一般情形下, 顶点是分支点. 三角形可以看成可膨胀的、柔韧的薄膜, 它在形成边界的圆弧上展开.

我发表在 *Math. Annalen*, 第 37 卷[①]上的论文中曾经研究过这个问题. 为了方便, 把含有圆弧三角形的平面按球极平面的方式射影到一个球上. 这个问题就成了球面三角形最一般的形式, 取这个术语最广泛的意义, 它表示球上限制在三个平面与球的交线范围内的任意三角形, 不论平面过球心与否.

实际上这是个初等几何问题; 有趣的是, 近来高深的研究工作经常把我们带到先前没有解决的初等问题去.

---

① *Ueber die Nullstellen der hypergeometrischen Reihe*, pp. 573–590.

对于现在讨论的问题的结果是: 有两类, 也只有两类这样的广义三角形. 它们是初等三角形经过两个不同的运算得到的: (a) 圆的侧连接, (b) 圆的极连接.

设 abc (图 7, 图 8) 为初等球面三角形. 侧连接运算就是围绕着面 abc 的一条边连接, 例如 bc, 并生成一个完整的圆. 这个过程当然可以重复任意次, 也可以用于每一边. 如果一个圆面连接到了 bc, 那么 b 和 c 处的每个角都要增加 π; 如果整个球被连接, 每个角就要增加 2π, 等等. 这样得到的三角形称为第一类三角形.

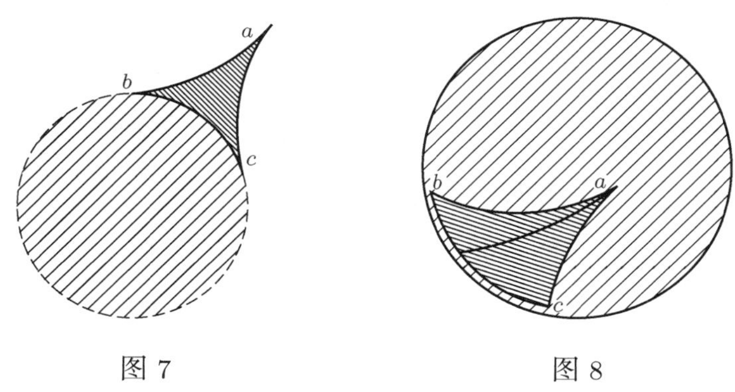

图 7　　图 8

第二类三角形产生于圆在 bc 处的极连接过程; 此时, 图形限制在圆 bc 内, 圆 bc 所界的区域和原来的三角形由从顶点 a 到 bc 上的某点的分支切割线连接. 点 a 变为分支点, 它的角增加了 2π. 在 ab 和 ac 处还可以侧连接.

两类三角形可如下刻画: 第一类在任一边或三边上都可有任意多个侧连接; 第二类一个顶点与对边只有一个极连接, 而另外两边还可以侧连接.

两类三角形可由常数 λ, μ, ν 的绝对值不等式解析判定. 对于第一类, 三个常数中的任意一个都不大于另外两个的和, 即

$$|\lambda| \leqslant |\mu| + |\nu|, \quad |\mu| \leqslant |\nu| + |\lambda|, \quad |\nu| \leqslant |\lambda| + |\mu|;$$

第二类有

$$|\lambda| \geqslant |\mu| + |\nu|,$$

其中 λ 对应于极点.

应用于函数理论时, 在第二类的情形下, 重要的是确定通过由顶点的对边形成的圆的次数. 我发现这个数是 $E\left(\dfrac{|\lambda| - |\mu| - |\nu| + 1}{2}\right)$, E 表示不超过变元的最大正整数, 若变元为负数或分数时, 它总为零.

现在我们把这个几何概念用到超几何函数中去. 我只指出一个结果. 考察 a 与 b 之间的实数值 $\eta = \dfrac{w_1}{w_2}$, 问题就是在这个限制内 η-曲线的形状是什么. 现在来考虑一下曲线 w_1 和 w_2. 我们知道, 如果 w_1 在 a 与 b 之间振荡, 从轴的一边到另一边, 那么 w_2 也会振荡; 它们的商 $\eta = \dfrac{w_1}{w_2}$ 是由从 $-\infty$ 到 $+\infty$ 的各分支组成的一条曲线表示, 有点像曲线 $y = \tan x$. 研究所得到的结果就是: 这些分支数, 即 w_1 和 w_2 的振荡数可由点 c 的环道数准确地给出, 它就是 $E\left(\dfrac{|\nu| - |\lambda| - |\mu| + 1}{2}\right)$. 这是对超几何函数所有应用中的重要结果, 稍后 Hurwitz 采用 Sturm 的方法也得到了这个结果.

我希望你们不必太注意这个结果本身, 尽管它很有意思, 而应该特别注意得到它所采用的方法. 在哥廷根, 我和其他一些人正在沿着类似的思路继续展开研究.

当奇点数大于三的微分方程成为研究对象时, 必须把三角形换成四边形和其他多边形. 我在 1890—1891 年发表的石印讲稿《线性微分方程》中提出过处理这种情形的一些建议. 说也奇怪, 推广的困难仅仅是一个几何性质的困难, 即获得多边形的可能出现的形式.

在此同时, Schoenflies 博士发表了一篇关于任意边数的直线多边形的论文①, Van Vleck 博士研究了这类直线多边形以及它们定义的函数, 这些多边形以很一般的方式来定义, 甚至允许枝点在它的内部. Schoenflies 博士也处理过圆四边形的情形, 不过结果有点复杂.

在所有这些研究中, z-平面对应于多边形的顶点的奇点, 当然都假设为实的, 它们的指数也同样假设为实的. 仍然还有更多的更普遍的问题, 当某些元素为复数时如何用共形对应来表示函数. 在这个研究方向上, 我必须要提到 Schilling 博士, 他处理了在复指数假设下通常的超几何函数.

当然, 这里关于二阶线性微分方程定义的函数的处理, 仅仅是运用几何方法对复变函数进行一般性讨论的一个例子. 我希望, 在将来运用几何方法会得到更多有趣的结果.

---

① *Ueber Kreisbogenpolygone*, Math. Annalen, Vol. 42, pp. 377–408.

第六讲

空间直觉的数学特性及纯数学与应用科学的关系

(1893 年 9 月 2 日)

在前面的演讲中, 我对几何方法如此重视, 现在我们自然要知道几何直觉的本性和局限性.

在芝加哥数学大会上的演讲中, 我曾提到被我称为朴素的直觉和精致的直觉的区别. 在 Euclid 处我们看到的是后者; 它在陈述完美的公理基础上小心地发展着它的几何系统, 充分地意识到精确证明的必要性, 明确区别可公度和不可公度,等等.

另一方面, 自微积分学创立以来, 朴素的直觉特别活跃. 于是, 我们看到在各种情形下, Newton 毫不犹豫地假设动点速度的存在, 他自己从不费心去探究是否连续函数也许会没有导数.

今天, 我们已经习惯于在纯粹分析基础上建立微积分学, 这表示我们正处在类似于 Euclid 的关键性时代. 虽然也许我不能充分证明, 但我个人确信, 在 Euclid 时代之前必然还有一个 "朴素的" 发展阶段. 最近得知的一些事实支持这种观点. 现在我们知道, 从 Euclid 时代流传至今的他的著作只是曾经存在的几何著作中很小的一部分; 更流行的教学方式是口头传诵. 没有多少书像我们钦佩的 Euclid 的《原本》那样经过艺术加工完成; 大多数人都是即席创作, 写出来给学生用的. Zeuthen① 和 Allman② 在他们的研究中做了大量阐明这些历史情形的工作.

如果现在问如何说明朴素与精致直觉之间的区别, 我必须说, 在我看来, 事情的根源来自这样的事实: *朴素的直觉是不精确的, 而精致的直觉, 严格地说, 完全不是直觉, 它是从被当作完美无缺的公理经过逻辑推理产生的.*

现在来解释我的看法前半段的意思, 我们朴素的直觉中, 想一个点的时候, 心中并没有想象一个抽象的数学点, 而是换

---

① *Die Lehre von den Kegelschnitten im Altertum*, 由 R. v. Fischer-Benzon 翻译, Kopenhagen, Höst, 1886.

② *Greek geometry from Thales to Euclid*, Dublin, Hodges, 1889.

成某种具体有形的东西. 想一条直线并不是想成“没有宽度的长度”, 而是想成有一定宽度的带子. 这样一条带子当然通常都有一条切线 (图 9); 也就是说, 我们通常想象一条直带和一条曲带有一小部分 (元素) 是公共的. 类似地, 对密切圆也如此. 在这些情况里这样定义只是近似地成立, 或近似到我们所需要的程度.

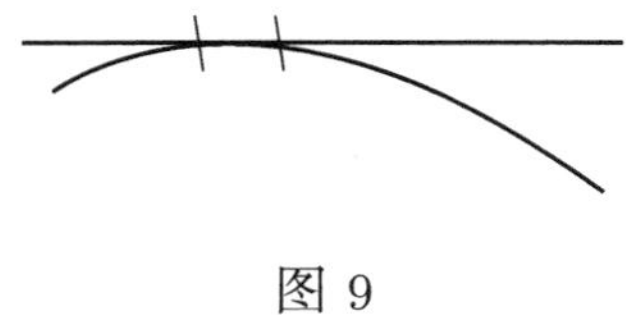

图 9

“严格的” 数学家当然会说这样的定义根本不能算定义. 但我坚持认为在平常的生活中, 我们实际上使用这种不严格的定义. 例如, 我们谈论河流或者道路的方向和弯曲时从来不会犹豫, 尽管这时的“直线”一定是有宽度的.

关于我的命题的后半段, 实际上有许多情形是由精确的定义通过纯粹的逻辑推理获得了结论, 却无法用直觉来核实. 我们从自守函数的理论中选择例子来说明这点, 因为在常见的几何直觉中我们的判断往往因为概念太熟悉而被扭曲了.

给定任意多个不相交的圆 $1, 2, 3, 4, \cdots$ (图 10), 让每个圆反射 (也就是, 用反演变换, 或者倒径向向量变换) 到每个其他的圆, 一再重复这个运算, *以至无穷*. 我们的问题是: 由所有的圆构成的形态是什么样, 特别地, 极限点的位置在哪儿. 用纯粹的逻辑推理不难回答这些问题; 但是当我们试图把结果在思维中形成一个图像时却完全失败了.

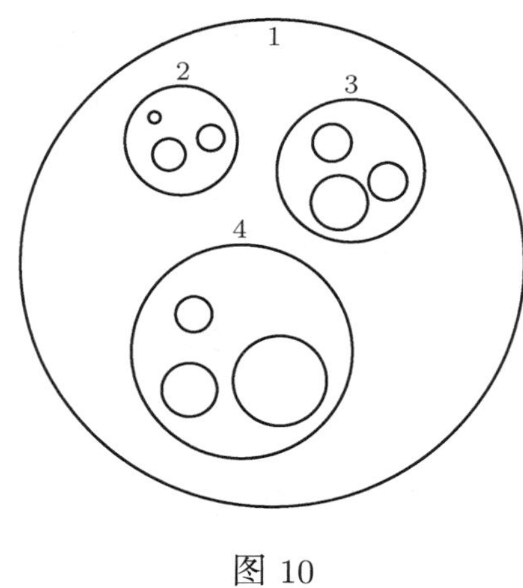

图 10

再一个例子. 给定系列的圆, 每个都与后面一个相切, 最后一个与第一个相切 (图 11). 现在, 如前例一样, 将每个圆都反射到每个其他的圆, 并且令这过程无限重复. 除去切点都在一个圆上的特殊情况, 我们可以用分析证明, 由切点组成的连续曲线不是一条解析曲线. 这些接触点形成一个流形, 它在曲线上处处稠密 (在 Cantor 意义下), 尽管在它们之间还有中间点. 在每个前面说的切点上处均有确定的切线, 而在中间点处却没有切线. 二阶导数完全不存在. 足以想象一条带子就可以覆盖所有这些点; 但是当这条带子变得足够狭窄时, 出现了波动, 而在我们的心中很难形成最后结果清晰的图像. 应当注意到, 在这里有一条没有确定导数的曲线, 它出现在纯粹的几何研究当中, 而由通常对这类曲线处理我们设想它们只能由不自然的解析级数来定义.

不幸的是, 我不能站在哲学家的立场对这个问题发表深思熟虑的意见. 作为新近的数学文献, 我把我的观点发表在 1873

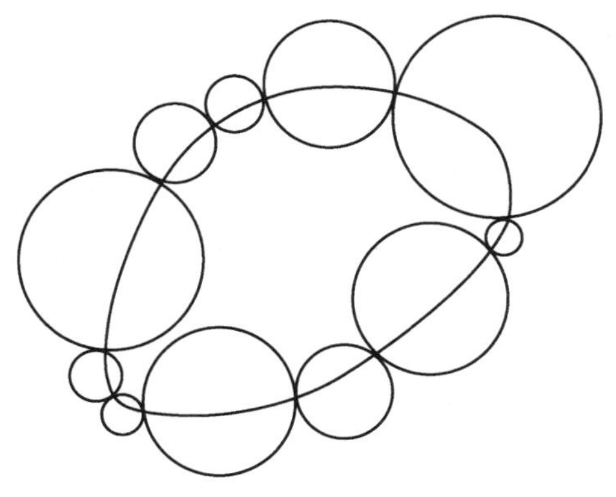

图 11

年的一篇论文中, 并于 1883 年再次发表在 *Math. Annalen*①, 第 22 卷上. 基森的 Pasch 在两篇论文中表达了同意我的观点, 一篇是关于几何基础②, 另一篇是关于微积分原理③. 另一位数学家, 汉堡的 Köpcke, 发展了这个观点, 即我们的空间直觉在所涉及的深度内是准确的, 但又是很有限的, 所以不能为我们描绘出无切线的曲线.④

Pasch 有一点不同意我的看法, 那就是关于公理的恰当价值. 他相信 —— 这是传统的观点 —— 最终可以完全抛弃直

① *Ueber den allgemeinen Functionsbegriff und dessen Darstellung durch eine willkürliche Curve*, Math. Annalen, Vol. 22 (1883), pp. 249–259.

② *Vorlesungen über neuere Geometrie*, Leipzig, Teubner, 1882.

③ *Einleitung in die Differential und Integralrechnung*, Leipzig, Teubner, 1882.

④ *Ueber Differentiirbarkeit und Anschaulichkeit der stetigen Functionen*, Math. Annalen, Vol. 29 (1887), pp. 123–140.

觉, 把整个科学只建立在公理之上. 我的意见是, 为了研究问题, 我们当然总有必要把公理与直觉结合起来. 例如, 我不相信, 不经常运用几何直觉就能得出我前面的讲座中谈到结果, 的 Lie 的杰出研究, 代数曲线与曲面形状的连续性, 或者三角形最一般的形式等.

Pasch 关于科学可以纯粹建立在公理基础上的观念可以追溯到 Peano 的逻辑演算.

最后, 必须说空间直觉的准确程度对于不同的个人, 甚至不同的人种都可能有所不同. 极强的朴素空间直觉性是条顿民族优越的特征, 而拉丁和希伯来民族具有更为全面发达的逻辑意识. 按照 Francis Galton 研究遗传学的思路来充分探讨这个问题可能会是有趣的.

上面关于几何学的讨论将这门学科归类于应用科学之中. 现在我们对应用科学及其与纯粹数学的关系进行一些一般性的讨论也不算过分. 从纯粹的数学科学的观点看, 我应当特别强调应用科学帮助发现新的数学真理的*启发性*价值. 因此我曾指出 (在我关于 Riemann 理论的小书里) Abel 积分用封闭曲面上的电流最好理解和解释. 相似地, 微分方程的定理能够由声音的振动现象导出, 等等.

然而, 正是现在我想要谈谈更实际的、前面说起过的关于几何直觉不精确性的问题. 我相信, 任何应用科学与数学的联系的紧密程度可以由它的数值结果达到或可达到的精确程度来判断. 事实上, 这些科学可以简单地按它的平均有效数字做出粗略的分类. 天文学 (还有一些物理学分支) 处在第一级;

它们的有效数字高达七位, 比初等超越函数更高级的函数能够有效地使用. 化学很可能处于等级的另一端, 它的有效数字可能通常不超过两或三位. 几何作图是有效数字为三到四位的学科, 其级别应在两极之间; 我们可以继续这样进行分类.

在任何应用科学通常的数学处理中, 都是用精确的公理来代替经验的近似结果, 再由这些公理演绎出刚性的数学结论. 应用这个方法时不能忘记数学发展超越了科学的精确度后是没有实际价值的. 因此, 抽象数学大部分结果仍然没有找到实际的应用, 因为数学在任何科学中能否充分应用都与这门科学所能达到的精确度成比例. 天文学家可以很好地应用广泛的数学理论, 而化学家刚刚开始用到一阶导数, 即某过程进行的变化率; 二阶导数目前他们仍然没有找到任何用处.

作为不能用于应用科学的各种数学理论的例子, 我可以提到可公度与不可公度的区别, Fourier 级数收敛性的研究, 非解析函数理论, 等等. 因此, 在我看来, Kirchhoff 犯了一个错误, 他说在他的谱分析中仅当波长准确地重合时才会发生吸收. 我同意 Stokes 的观点即吸收出现在这种重合的附近. 同样地, 当天文学家说两个行星的周期必须准确地可公度才有碰撞的可能性时, 这只对它们的数学中心抽象地成立, 必须记住行星的周期、质量这些东西不能精确地确定, 随时都可能变化. 事实上, 我们没有办法确定两个天文学量是否可公度; 只能确定它们的比率可否用两个小整数来表示. 有人说自然界中只有解析函数, 这种观点在我看来是荒谬的. 我们只能说, 我们只限于使用解析函数, 甚至只是简单的解析函数, 因为它们提供了足够的近似程度. 确实, 我们有定理 (Weierstrass) 说, 任何连续函数都可以用一个解析函数近似到任意要求的精确度. 因此, 若 $\phi(x)$ 为连续函数, δ 是一个小的量, 表示给定的精确度 (用带子的宽度来代替曲线), 通常都能确定一个解析函数 $f(x)$, 使得

$$\phi(x) = f(x) + \varepsilon, \quad \text{其中} \quad |\varepsilon| < |\delta|,$$

在给定的限度之内.

所有这些讨论提出这样的问题: 不通过整个抽象数学的领域, 是否可能建立一个适应应用科学需要的简化的数学系统. 例如, 这样的系统必须包括 Gauss 关于天文学计算精度的研究, 或者更新的也更有趣的, Tchebycheff 关于插值法的研究. 这个问题, 即使不是不可能解决, 看起来是困难的. 这主要是用于由此产生的问题的模糊性和不确定性.

我希望, 在这里谈到的关于应用科学中数学的应用, 不会被解释为对作为纯粹科学的抽象数学修养的任何成见. 纯粹数学对发展纯粹逻辑思维能力的意义是任何其他学科都无法代替的. 除此之外, 这里和在别处一样必须考虑, 为了保持和不断提高普遍的水准, 在每个国家中必须有一些思维能力大大超出大众的人存在. 甚至要使普遍水准有一点点提高, 也只有当一些人在智力上远超过平均水平才能得以实现.

此外, 因为上面谈到的数学 "简化" 系统还不存在, 我们暂时还必须处理好手边的材料, 而且要尽量充分地利用它.

然而, 正是在这里出现了一个数学教学中的实际困难, 例

如说微积分学基础的教学. 教师面对的是要协调两个相反的、差不多是矛盾的要求. 一方面, 他必须考虑学生有限的不成熟的智力水平, 而且他们中多数人学习数学主要目的是为了实际应用; 另一方面, 一个教师和科学工作者必然具备的认真态度又迫使他不能偏离数学完备的严密性, 因此从一开始就引进精确与优美的抽象数学. 近年来的大学教育, 至少在欧洲, 已经越来越倾向后面这个要求; 随着时间的推移, 同样的倾向在美国也必然会出现. Camille Jordan 的《微积分学》第二版可以看作微积分学基础中要求极度精确的一个例子. 在初学者手中放上这种特点的教材导致的结果就是: 一开始这门学科的一大部分他们仍然没有学懂, 而在稍后阶段中, 他们又没有能力在应用科学中遇到简单情形时运用学到的原理去解决.

我的意见是在教学中, 在开始时不但允许而且绝对有必要减少抽象, 经常关注应用, 只有当学生能够理解的时候再逐步涉及精确性. 当然, 这只不过是所有数学教育中应当普遍遵守的教学原则.

在目前德国数学家的作品中, 我想推荐给初学者经过 Kiepert 新近修订的 Stegemann 的教科书①. 看来这本书把简单明晰和足够的数学严密性结合起来了. 另一方面, 当然对于高年级学生, 特别是对于专业的数学家而言, 学习 Jordan 这类著作也是十分必要的.

① *Grundriss der Differential und Integral-Rechnung*, 第六版, 由 Kiepert 出版, Hannover, Helwing, 1892.

我在这里发表这些议论是因为我察觉到德国高等教育系统正在发生的危机 —— 抽象数学科学和它的科学技术应用分离的危机. 我们应该谴责这种分离只; 因为它的结果是应用科学必定会落入浅薄, 而纯粹数学会更加孤立无援.

第七讲

数 e 和 π 的超越性

(1893 年 9 月 4 日)

上周六, 我们讨论了非纯粹的数学, 今天我们要谈谈数学科学中最严密的分支.

G. Cantor 曾经指出有两类无穷: (a) 可数 (*abzählbare*) 的, 它的数量可数或者可枚举, 所以在系统中对每个量都能指定一个确定的位置; (b) 不可数的, 即不可能有上述性质. 不只是有理数属于前一类, 被称为代数数的也属于这类, 即由代数方程

$$a + a_1x + a_2x^2 + \cdots + a_nx^n = 0$$

定义的所有的数, 其系数为整数 (n 当然是一个正整数). 作为不可数无穷的一个例子, 我可以提起包含在连续统中的所有数的总体, 它由一条直线段上的点组成. 这样一个连续统不仅包含有理数、代数数, 还包含着称为超越数的那些数. 超越数的存在可自然地由 Cantor 理论导出, 而在此之前 Liouville 从不同的考虑证明了同样的事实. 然而这种证明没有给出判定某一特定的数是否是超越数的方法. 直到最近二十年才确认了两个基本的数 e 和 π 确实是超越数. 今天我的目标就是想给大家提供 Hilbert 关于这两个数超越性的简单证明的清晰思路.

这个问题的历史很短. 二十年前, Hermite①首先确认了 e 的超越性; 他用了一种有点复杂的方法指出, 数 e 不可能是一个整系数代数方程的根. 九年后, Lindemann②从 Hermite 出发取得了进展, 成功地证明了 π 的超越性. Lindemann 的工作很快就被 Weierstrass 验证了.

π 是超越数的证明将永远标志着数学科学的新纪元. 它给出了化圆为方问题的最终答案, 最终解决了这个折磨人们的问题. 这个问题要求用有限次初等几何过程, 即只能有限次用直尺和圆规导出数 π. 因为一条直线和一个圆, 或者两个圆, 只有两个交点, 这些过程或者它们有限次的任意组合, 能够代数地表示为相当简单的形式, 所以化圆为方问题的解就

① *Comptes rendus*, Vol. 77 (1873), p. 18, etc.

② *Math. Annalen*, Vol. 20 (1882), p. 213.

意味着 π 能表达成相对简单的代数方程的根, 即它可由平方根求解. 然而 Lindemann 的证明表明 π 不可能是任何代数方程的根.

然而 π 的超越性的证明也很难减少坚持化圆为方的人数; 因为这类人常常表示出对数学家的绝对不信任, 不论多少论证都不能克服他们对数学的轻视. 然而, Hilbert 的简单证明一定会被对十分重要的数学真理有兴趣的人欣赏. 这个论证包括 e 也包括 π 的情形, 新近发表在《哥廷根新闻》(*Göttinger Nachrichten*)①上. 随后②, Hurwitz 立即发表了基于更初等的原理的 e 的超越性证明; 最后, Gordan③给出了一个更简单的证明. 这三篇论文都会在 *Math. Annalen* 的下一册上重新刊印.④ 关于 e 和 π 的超越性证明已经简化到如此的地步, 它们将被引入所有的大学教学中去.

Hilbert 的论证建立在两个命题之上. 其一是简单地断言 e 的超越性, 即形如

$$a + a_1 e + a_2 e^2 + \cdots + a_n e^n = 0 \tag{1}$$

的方程是不可能的, 其中 $a, a_1, a_2, \cdots, a_n$ 是整数. 这就是 Hermite 的初始命题. 要证明 π 的超越性还需要 (最初来自 Lin-

① 1893, No. 2, p. 113.

② 1893, No. 4.

③ *Comptes rendus*, 1893, p. 1040.

④ *Math. Annalen*, Vol. 43 (1894), pp. 216–224.

demann) 另一个命题, 它断言形如

$$a + e^{\beta_1} + e^{\beta_2} + \cdots + e^{\beta_n} = 0 \tag{2}$$

的方程是不可能的, 其中 a 是整数, 而指数是代数数, 即代数方程

$$b\beta^m + b_1\beta^{m-1} + b_2\beta^{m-2} + \cdots + b_m = 0$$

的根, 其中 $b, b_1, b_2, \cdots, b_m$ 是整数.

可以看到, 后一个命题实际上作为特例包括在了前一个命题中; 因为当然 β 可以是有理整数, 每当关于 β 的方程的一些根相等时, 方程 (2) 中的对应项就可以合并为形如 $a_k e^{\beta_k}$ 的一个项. 因此, 前一个命题只是为了简单起见才引入的.

证明方程 (1) 不能成立的中心思想在于, 为满足齐次方程的量 $1 : e : e^2 : \cdots : e^n$ 引入成比例量

$$I_0 + \varepsilon_0 : I_1 + \varepsilon_1 : I_2 + \varepsilon_2 : \cdots : I_n + \varepsilon_n,$$

它们每一个都是由一个整数和一个很小的分数组成. 于是方程将变成

$$(aI_0 + a_1 I_1 + \cdots + a_n I_n) + (a\varepsilon_0 + a_1\varepsilon_1 + \cdots + a_n\varepsilon_n) = 0, \tag{3}$$

而所有的 I 和 ε 通常总能选成让第一个括号中的量不为零, 当然也就是整数, 而第二个括号中的量为真分数. 现在, 一个整数与一个真分数的和不可能为零, 这就证明了方程 (1) 不能成立.

对 Hilbert 的一般思路就只说这么多. 可以看出主要的困难在于恰当地确定整数 I 和分数 ε. 为此, Hilbert 用了一个 Hermite 的研究中提议的定积分, 也就是积分

$$J=\int_0^{\infty} z^{\rho}[(z-1)\cdots(z-n)]^{\rho+1}e^{-z}dz,$$

其中 ρ 是后来确定的整数. 方程 (1) 的各项乘这个积分除以 $\rho!$, 方程显然可变为这样的形式

$$\left(a\frac{\int_0^{\infty}}{\rho!}+a_1e\frac{\int_1^{\infty}}{\rho!}+a_2e^2\frac{\int_2^{\infty}}{\rho!}+\cdots+a_ne^n\frac{\int_n^{\infty}}{\rho!}\right)$$
$$+\left(a_1e\frac{\int_0^{1}}{\rho!}+a_2e^2\frac{\int_0^{2}}{\rho!}+\cdots+a_ne^n\frac{\int_0^{n}}{\rho!}\right)=0,$$

为了简单起见, 分别用 P_1 和 P_2 分别表示两个括号中的量, 可得

$$P_1+P_2=0.$$

现在可以证明 P_1 中 $a,a_1,a_2,\cdots,a_n$ 的系数全是整数, 而 ρ 可选得使 P_1 不为零, 同时 ρ 还可以取得足够大, 使 P_2 是我们希望的那么小. 因此方程 (1) 将被化为不可能的形式 (3).

我们就来证明 P_1 和 P_2 的这些性质. 由熟知的关系式 $\int_0^{\infty} z^{\rho}e^{-z}dz=\rho!$, 容易看出积分 J 是一个能被 $\rho!$ 整除的整数. 同样地, 由代换 $z=z'+1$, $z=z'+2$, $\cdots$, $z=z'+n$, 可以看出 $e\int_1^{\infty}$, $e^2\int_2^{\infty}$, $\cdots$, $e^n\int_n^{\infty}$ 是能被 $(\rho+1)!$ 整除的整

数. 由此得出, P_1 是一个整数, 即

$$P_1 \equiv \pm a(n!)^{\rho+1}\ [\mathrm{mod.}(\rho+1)].$$

因此, 若能选 ρ 使同余式右边不能被 $\rho+1$ 整除, 则整个表达式 P_1 就不会为零.

关于 P_2 应当是我们希望的那样小这个条件, 显然只要把 ρ 的值选得足够大就可以满足; 这与 J 不能被 $\rho+1$ 整除的条件当然是相容的. 由中值定理 (*Mittelwertsatz*), 积分可以代换成 ρ 为指数的常量的幂; 而对足够大的 ρ 值, 幂的增速总是小于分母中的阶乘的增速.

用完全相似的方法可以证明方程 (2) 是不可能的. 现在将积分 J 代以积分

$$J' = b^{m(\rho+1)} \int_0^\infty z^\rho[(z-\beta_1)(z-\beta_2)\cdots(z-\beta_m)]^{\rho+1}e^{-z}dz,$$

其中的 β 是代数方程

$$b\beta^m + b_1\beta^{m-1} + \cdots + b_m = 0$$

的根. 积分可分解如下:

$$\int_0^\infty = \int_0^\beta + \int_\beta^\infty,$$

其中积分路径当然必须由 β 的复数值适当地定义. 更为详细的讨论我建议你们参考 Hilbert 的论文.

假设方程 (2) 是不可能的, π 的超越性就很容易从下面的考虑中得出, 它最初来自 Lindemann. 首先注意到, 作为我们

定理的推论, 除了点 $x=0, y=1$ 之外, 指数曲线 $y=e^x$ 没有代数点, 也就是说, 没有两个坐标都是代数数的点. 换句话说, 无论平面被多么稠密的代数点所覆盖, 指数曲线 (图 12) 经过平面时都不会与这些点相遇, 除了一个点 $(0,1)$ 以外. 这个奇妙的结果可由方程 (2) 的不可能性如下推出. 令 y 为任意代数量, 即任意代数方程的根, 令 $y_1, y_2, \cdots$ 为同一个方程其他的根; 对 x 也用相似的记号. 那么, 如指数曲线有任意代数点 (x,y) (除 $x=0, y=1$ 之外), 则显然方程

$$\left.\begin{array}{l}(y-e^x)(y_1-e^x)(y_2-e^x)\cdots\\(y-e^{x_1})(y_1-e^{x_1})(y_2-e^{x_1})\cdots\\(y-e^{x_2})(y_1-e^{x_2})(y_2-e^{x_2})\cdots\\\cdots\cdots\cdots\cdots\end{array}\right\}=0$$

必被满足. 但是, 这个方程乘开后就有方程 (2) 的形式, 它已被证明是不能成立的.

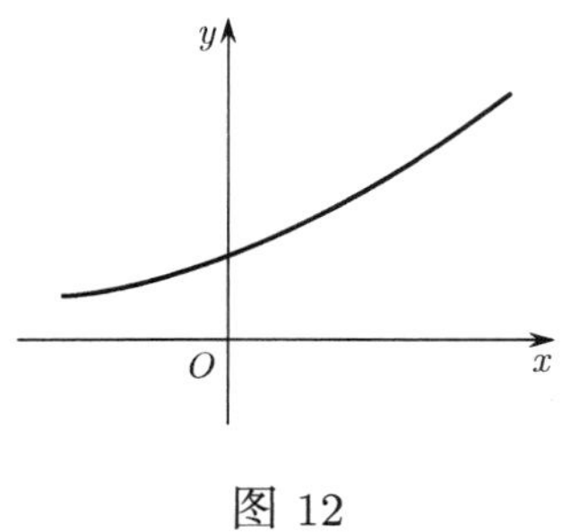

图 12

作为第二步, 我们只需应用熟知的恒等式

$$1=e^{i\pi},$$

它是 $y = e^x$ 的特例. 既然恒等式中 $y = 1$ 是代数的, 那么 $x = i\pi$ 就必须是超越的.

第八讲

理想数

(1893 年 9 月 5 日)

数论常被看作极其困难而深奥，且与数学科学其他分支难有任何联系. 这种观点无疑是由于像 Kummer, Kronecker, Dedekind 以及其他一些过去对这门科学的发展做出过巨大贡献的学者们, 在他们的工作中所采用的一些处理方法所造成的. 据说 Kummer 曾说过, 只有数论是唯一没有被应用所污染的纯粹数学分支.

然而, 最近的研究清晰地表明数论和其他数学分支之间有着非常密切的关系, 几何学也不例外.

作为一个例子，我可以提到在椭圆模函数 (*Elliptische Modulfunctionen*) 理论中二元二次型约化问题的处理. 把这个方法推广到高维也是可能的, 并没有严重的困难. 另一个例子, 也许你们还记得 Minkowski 的论文《关于通过空间直觉所得的整数的性质》(*Ueber Eigenschaften von ganzen Zahlen, die durch räumliche Anschauung erschlossen sind*), 我在数学大会上已经愉快地向大家宣读了它的摘要. 这里, 几何被直接用于数论新概念的发展.

今天, 我想谈谈二元代数型的复合, 这个首先被 Gauss 在他的《算术研究》(*Disquisitiones arithmeticæ*)[①] 研究的课题, 以及 Kummer 相应的理想数理论. 这两个理论通常都被看作是深奥难懂的, 尽管 Dirichlet 对 Gauss 的处理做过一些简化. 我相信通过我对这些问题的处理, 你们将会发现引进几何思想使问题变得极其简单和清晰, 对于不熟悉旧处理方法的人来说会很难理解为什么以前总是把问题看得非常复杂. 我本人在 1893 年 1 月的《哥廷根新闻》中对这些研究做了简要说明, 在本年度夏季学期的课程中对它们又做了更广泛的阐述. 在那以后, 我得知 Poincaré 于 1881 年提出的类似概念, 但还没有来得及把他的和我自己的工作做一个比较.

一个二元二次型可如下写出:

$$f = ax^2 + bxy + cy^2,$$

第二项中没有因子 2; 最近, H. Weber 在 1892—1893 年的

[①] 在第 5 节; 参见 Gauss 文集, Vol. 1, p. 239.

《哥廷根新闻》中指出了这种写法的一些优点. 当然, 这里的 a, b, c, x, y 都被设为整数.

注意, 与射影几何中不同, 在数论中系数 a, b, c 的公因子是不能随意引进或删除的; 换句话说, 我们关注的是型, 而不是方程. 因此, 我们须假定系数 a, b, c 没有公因子; 具有这个特性的型称为*原型*.

对于判别式

$$D = b^2 - 4ac,$$

我们假设它没有二次因子 (因此, 它本身不会是平方), 且不为零. 故 D 或 $\equiv 0$ 或 $\equiv 1$ (mod.4). 必须分别考虑两种情况

$$D < 0 \quad 和 \quad D > 0,$$

我选简单一些的前一种. 在前面提到的讲稿中, 我对两种情况都做了处理.

下面二元二次型的初等几何解释是 Gauss 给出的, 他在所有的数学分支中, 都十分倾向于运用几何思想. 作一个平行四边形 (图 13), 两个邻边分别等于 $\sqrt{a}, \sqrt{c}$, 且夹角 ϕ 有 $\cos\phi = \dfrac{b}{2\sqrt{ac}}$. 当 $b^2 - 4ac < 0$ 时, a 与 c 必有相同的符号; 这里, 我们设 a 与 c 都是正数; 如两个都是负数, 只要全部改变符号即可. 无限地重复平行四边形的边, 在平面上画平行线用相同的平行四边形的网络覆盖整个平面. 我们称为线格 (Parallelgitter).

现在我们任选一个交点(或称之为*顶点*) 作为原点 O, 而其他的顶点用 (x, y) 表示, x 是 $\sqrt{a}$ 的边数, y 是 $\sqrt{c}$ 的边数.

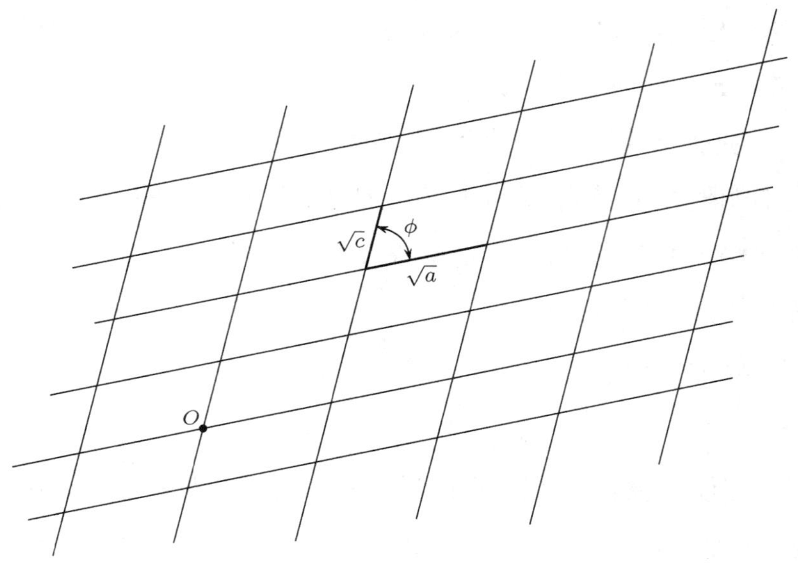

图 13

于是对于 x, y 的每组整数值, 二次型 f 的值显然可表为从 O 到点 (x, y) 距离的平方. 于是, 格就给出了二元二次型的完全的几何表示. 判别式 D 也有一个简单的几何解释, 每个平行四边形的面积 $= \frac{1}{2}\sqrt{-D}$.

在数论中, 两个二次型

$$f = ax^2 + bxy + cy^2 \quad \text{和} \quad f' = a'x'^2 + b'x'y' + c'y'^2$$

被视为等价, 如果经过行列式为 1 的线性变换可将一个变为另一个, 即

$$x' = \alpha x + \beta y, \quad y' = \gamma x + \delta y,$$

其中 $\alpha\delta - \beta\gamma = 1$, $\alpha, \beta, \gamma, \delta$ 是整数. 与给定的一个二次型等价的所有二次型组成一个二次型类; 这些二次型有相同的

判别式. 只要把注意力放在顶点上, 就很容易找到对应于这些等价二次型的几何表示 (图 14). 这就得到了所谓的**点格** (*Punktgitter*). 这种点的网络可以用各种各样的方式与两族平行线相联系, 即点格表示了无限多个线格. 现在, 由初等研究即可得出结论: 点格是二元二次型类的几何形象, 包含在点格中无限多个线格恰好对应着类中的无限多个二次型.

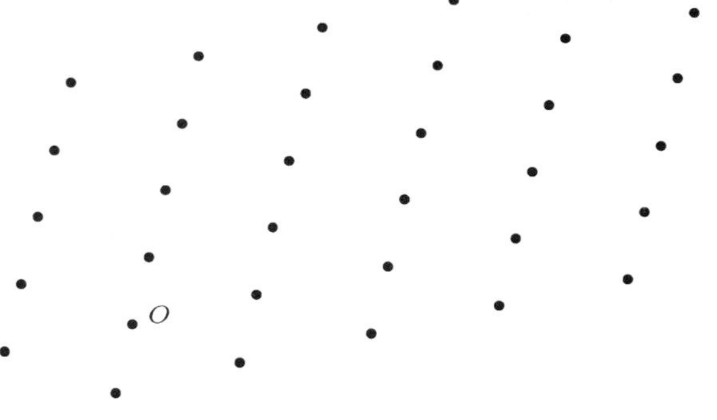

图 14

由数论还进一步知道, D 的每个值只属于有限个类; 因此, 每个 D 对应于有限个点格, 后面我们将一起来研究这有限个点格.

在属于同一个 D 值的不同的类中, 有一类特别重要, 我把它叫做**主类**. 当 $D \equiv 0 \ (\text{mod}.4)$ 时, 它包含二次型

$$x^2 - \frac{1}{4}Dy^2,$$

而当 $D \equiv 1 \ (\text{mod}.4)$ 时, 它包含二次型

$$x^2 + xy + \frac{1}{4}(1 - D)y^2,$$

易见, 对应的格是很简单的. 当 $D \equiv 0 \ (\text{mod}.4)$ 时, 主格是矩形, 基本平行四边形的边为 1 和 $\sqrt{-\frac{1}{4}D}$. 而 $D \equiv 1 \ (\text{mod}.4)$ 时, 平行四边形变为菱形. 为简单起见, 我只考虑前一种情形.

现在, 我们结合矩形主格来定义复数 (图 15). 格点 (x, y) 表示复数

$$x + \sqrt{-\frac{1}{4}D} \cdot y;$$

我们把这样的数叫做*主数*.

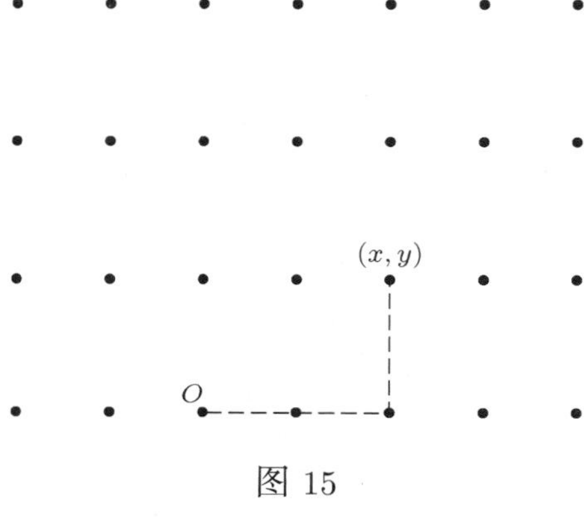

图 15

在任何数系中, 乘法法则是头等重要的. 对于我们的主数, 易证任意两个主数之积仍然是一个主数; 也就是说, *主数系统在乘积运算下自身是完备的*.

其次, 我们来考虑不属于主类的判别式 D 的格; 把它们称为*副格* (*Nebengitter*). 研究对应数的乘法之前, 必须注意一个事实, 我们的表达式中一个随意性还没有考虑进去, 这就是格的*定向*, 这是由边 $\sqrt{a}, \sqrt{c}$ 以及某条固定的初始线构成的角 ψ 和 χ 给定的 (图 16). 对于平行四边形的角 ϕ 显然有

$\phi = \chi - \psi$. 因而, 格点 (x, y) 给出复数

$$e^{i\psi}\left(\sqrt{a}\cdot x + \frac{-b+\sqrt{D}}{2\sqrt{a}}\cdot y\right) = e^{i\psi}\cdot\sqrt{a}\cdot x + e^{i\chi}\cdot\sqrt{c}\cdot y,$$

它被称为副数. 只要 ψ 或 χ 不固定, 副数的定义就是不确定的.

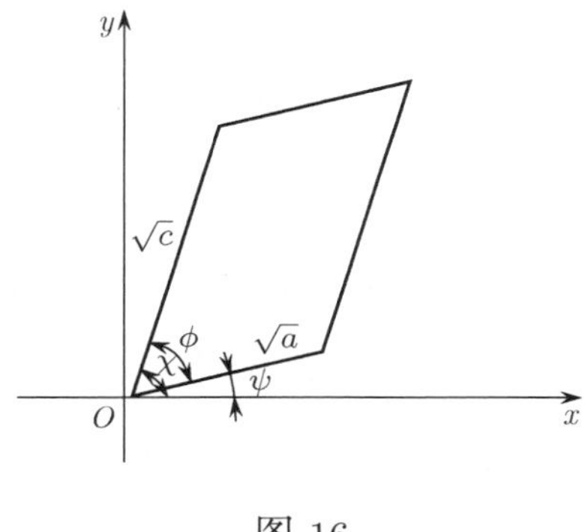

图 16

为每个副格适当地确定 ψ 就可得出重要的结果: 所有的格组成的系统中任意两个复数的积仍是这个系统中的一个复数, 这样, 这些复数的总体对乘法同样构成一个完备系.

格可以由乘法以确定的方式相结合; 于是, 格 L_1 的任意数乘以格 L_2 的任意数会得到属于确定的格 L_3 的一个数.

这些性质恰好对应于 Gauss 的代数形式复合的性质. Gauss 定律仅仅断言判别式为 D 的两个原型 f_1 和 f_2 所表示的两个数的乘积总可以由另一个确定的判别式为 D 的原型 f_3 来表之. 这条定律包含在刚才讲的定理之内, 因为 $\sqrt{f_1}, \sqrt{f_2}, \sqrt{f_3}$ 的值表示原点到格点的距离. 同时我们注意

到, Gauss 定律与我们的定理并不是严格等价的, 因为在我们的复数积中, 不仅距离相乘, 而且角 ϕ 相加.

Gauss 本人也不是不可能运用类似的思想来证明他的定律, 摈弃几何解释后, 这个定律就显然如此难以理解.

现在来解释这些研究与 Kummer 理想数有何关系. 这涉及复数除法和分解为素数的问题.

在通常的实数理论中, 每个数都能唯一地分解为素数. 这个基本定律对我们的复数还成立吗? 要回答这个问题, 必须区别所有我们的复数整体的系统与仅有主数的系统. 对与前者, 答案是: 是的, 每个复数都能唯一地分解为复素数. 我们不打算进行证明, 这样的证明已经直接包含在通常的二元二次型理论中了. 如果我们单独考虑主数系统, 事情就不同了. 有的主数可能以不止一种方式分解为素因子, 即主数不能唯一地分解为主因子, 这样, 可能出现 $m_1m_2 = n_1n_2$, 而 m_1, m_2, n_1, n_2 都是主素数. 理由是如果添加了副数, 这些主数就不再是素数了, 而是可如下分解:

$$
\begin{aligned}
m_1 &= \alpha \cdot \beta, \quad m_2 = \gamma \cdot \delta, \\
n_1 &= \alpha \cdot \gamma, \quad n_2 = \beta \cdot \delta,
\end{aligned}
$$

$\alpha, \beta, \gamma, \delta$ 是扩大系统中的素数. 在除法法则的研究中, 只考虑主系统自身是不方便的; 最好再引入副系统. Kummer 研究这些问题时, 最初也只处理主系统; 他注意到了, 这样得到的除法法则有缺陷, 于是他引进了理想数的定义, 重新建立起通常的除法法则. 因此, Kummer 的理想数看起来只不过是我们的副数的抽象表示而已. 人们第一次学习 Kummer 的理想数所遇到的全部困难就在于它的表达方式, 如果一开始就在主数旁引入副数, 就不会有任何困难了.

当然, 我们只谈到了含有平方根的复数, 而 Kummer 本人以及他的后继者 Kronecker 和 Dedekind 的研究包含了所有可能的代数数. 但是, 我们的方法是普遍适用的, 只需在高维空间中构建格就可以了, 但在这里讨论这些细节会带我们走得太远.

第九讲

高次代数方程的解

(1893 年 9 月 6 日)

以前,"代数方程的解" 意思是用根式表示它的解. 如果方程的解不能表达为根式, 就会简单地归类为不可解, 虽然大家都知道属于这类方程的 Galois 群的性质不同寻常. 甚至直到今天这种观念有时仍然占据着优势; 不过, 自从 1858 年以来就应该采用不同的观点. 这一年, Hermite、Kronecker 和 Brioschi 至少在基本想法上一起找到了五次方程的解.

这个五次方程的解通常被认为是 "椭圆函数解", 但是这个表述至少作为 "根式解" 的类比是不恰当的. 事实上, 椭圆函数进入五次方程的解就好像对数进入方程的根式解一样，因为根式可由对数来计算. 在本讲中, *解方程就是将方程约化成某些正规的代数方程*. 这些正规方程的无理性, 例如在五次方程的情况, 可以用椭圆函数表来计算 (只要有所要求的椭圆函数表可供使用就可以), 这一点本身当然有趣, 不过今天我们不讨论它.

我曾简化了五次方程的解, 把它约化成最简单的形式, 并引入*二十面体方程*作为适当的正则方程①. 换句话说, 五次方程的解的典型的无理性归结为二十面体方程定义了的无理性. 这个方法能够推广来涵盖高次代数方程解的全部理论; 我在本讲中将专门讲这个理论.

这里说明一下, 我所说的方程的系数并没有固定的数值; 从函数论的观点来看, 方程的系数对应于独立变量.

谈到方程用根式求解, 意思是它可以经由代数过程化简为纯方程

$$\eta^n = z,$$

其中 z 是一个已知量; 于是剩下的新问题只是如何计算 $\eta = \sqrt[n]{z}$. 我们用这个观点来比较一下二十面体方程和纯方程.

二十面体方程是下面这个 60 次方程:

$$\frac{H^3(\eta)}{1728 f^5(\eta)} = z,$$

---

①参见我的论文 *Vorlesungen über das Ikosaeder und die Auflösung der Gleichungen vom funften Grade*, Leipzig, Teubner, 1884.

其中, H 是一个 20 次表达式, f 是 12 次表达式, z 是已知量. 关于 H 和 f 的实际形式以及其他一些细节, 请参阅《二十面体讲义》(*Vorlesungen über das Ikosaeder*); 这里, 我只想指出这个方程的一些特别性质.

(1) 令 η 为任意一个根; 则 60 个根都能表示为已知系数的 η 的线性函数, 例如

$$\eta,\quad \frac{1}{\eta},\quad \varepsilon\eta,\quad \frac{(\varepsilon-\varepsilon^4)\eta-(\varepsilon^2-\varepsilon^3)}{(\varepsilon^2-\varepsilon^3)\eta+(\varepsilon-\varepsilon^4)},\quad \cdots,$$

其中, $\varepsilon=e^{\frac{2i\pi}{5}}$. 这 60 个量构成 60 个线性代换的群.

(2) 下面我们建立 z-平面到 η-平面 (或由球极平面射影) 到球面的共形表示, 用此描述 η 作为 z 的函数关系 (图 17). 对应于 z-上半平面 (阴影), 是一些三角形. 这些阴阳交替的

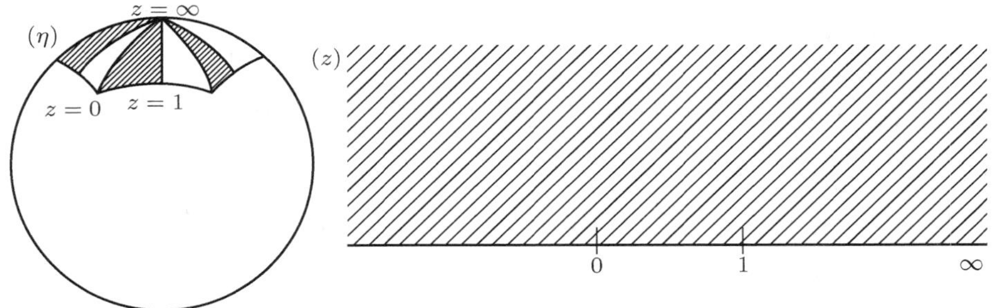

图 17

三角形是由一个正则二十面体内接在球内确定的, 将 20 个三角形的每一个用高线分成六个相等又对称的三角形 (图 18). 在这个共形表示下, 每个根对应于一个确定的区域, 这等价于完全分离 60 个根. 另一方面, 它们的正则形状对应着上

面指出的 60 个线性代换.

(3) 如果令 $\eta = y_1/y_2$, 则根的 60 个表达式就成齐次的了, 量 y 不同的值均如下形

$$\alpha y_1 + \beta y_2, \quad \gamma y_1 + \delta y_2,$$

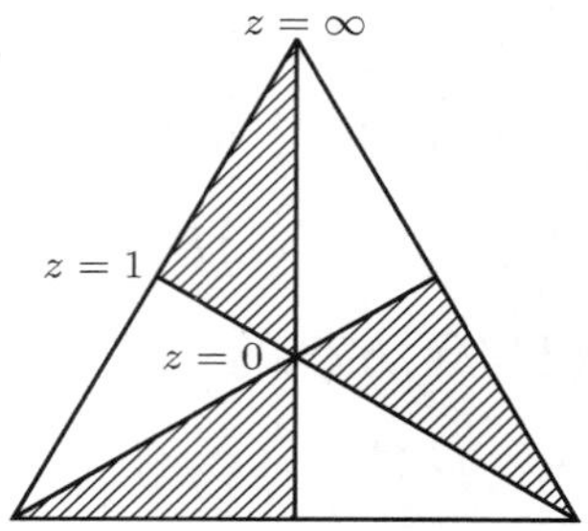

图 18

因而满足二阶线性微分方程

$$y'' + py' + q = 0,$$

p 和 q 是 z 确定的有理函数. 当然, 总可以把方程的每个根用幂级数表示. 这样, 我们将 η 的计算化为 y_1 和 y_2 的计算, 并试图为这些量找出级数. 既然这些级数都必须满足我们的二阶微分方程, 级数的规律就比较简单, 它的每一项都可以由前面两项表示.

(4) 最后, 如前所述, 根的计算可用椭圆函数简化, 只要提供事先算好的椭圆函数表即可.

现在来看在纯方程 $\eta^n = z$ 中这四点对应着什么. 结果是众所周知的:

(1) n 个根都能表示为它们中任意一个的线性函数, 如 η:

$$\eta, \quad \varepsilon\eta, \quad \varepsilon^2\eta, \quad \ldots, \quad \varepsilon^{n-1}\eta,$$

ε 是 n 次本原单位根.

(2) 共形表示 (图 19) 把球分成 $2n$ 个相等的二角形, 它们的大圆都经过同样的两个点.

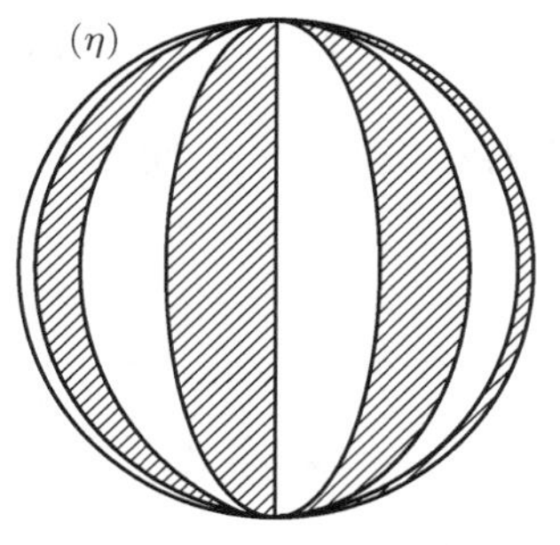

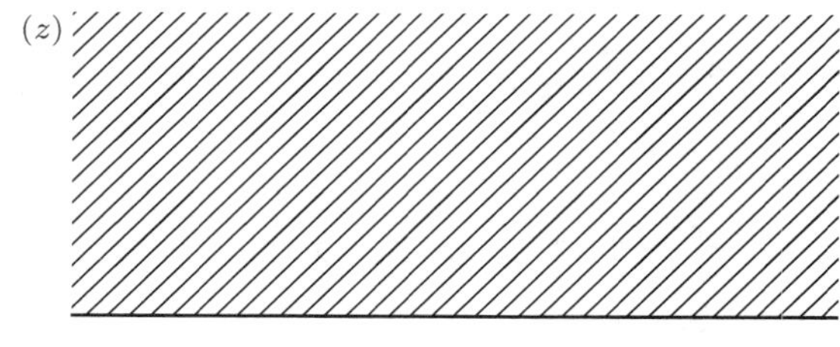

图 19

(3) 有一个 η 的一阶微分方程, 即,

$$nz \cdot \eta' - \eta = 0,$$

从它可导出实际计算根的简单级数.

(4) 如果这些级数不太方便, 还可用对数计算.

你们会发现, 这个类比十分完全. 两者之间主要的不同基于这样的事实, 纯方程的线性代换只含有一个量, 而五次方程却有一个二元线性代换群. 在微分方程的表达式中可以发现同样的差别, 纯方程的是一阶的, 而五次方程的是二阶的.

对一般五次方程

$$f_5(x) = 0$$

化简为二十面体方程, 我们可以再来谈几点. 可能这样化简是因为我们的五次方程 (当添加了判别式的平方根后) 的 Galois 群与二十面体方程 60 个线性代换所组成的群同构. 化简的可能性当然并不蕴涵需要什么样的操作才能有效地化简这个问题. 我的《二十面体的讲义》(*Vorlesungen über das Ikosaeder*) 第二部分就是讨论后面这个问题的. 我们发现化简不能有理地实现, 要求引入平方根. 这样引进的无理性只不过是一个特殊类型的无理性 (所谓辅助无理性); 因为不允许它化简方程的 Galois 群.

我现在谈谈我在 *Math. Annalen*, 第 15 卷 (1879)[①] 中首次提出的高次方程类似处理的一般问题. 首先要注意, 在准确论述中必须从头到尾区别齐次与射影两种不同的表示形式 (在后者的情形下, 只考虑齐次变量之比). 而在这里或许可以忽略这种差别.

我们来研究很一般的问题: 给定 n 个变量的齐次线性代换有限群, 从群的不变量来计算 n 个变量的值.

这个问题显然包含着一个具有任意 Galois 群的代数方程的求解问题. 因为这时, 根的所有有理函数已知在根的某些置换下是保持不变的, 而置换当然只是齐次线性变换的一种简单情形.

我建议处理这些不同问题的一般提法如下: 在具有同构群的问题中, 我们只考虑变量个数最少的问题, 称之为正规问题. 这个问题必须被视为用某类级数可解. 我们探讨的问题就是把其他的同构问题化为正规问题.

这个形式化方法包含了我建议的代数方程的一般解法, 也就是, 把方程化为最少变量的同构问题.

把五次方程化为二十面体问题显然只是一个特例, 其最

[①] *Ueber die Auflösung gewisser Gleichungen vom siebenten und achten Grade*, pp. 251–282.

小变量数为二.

在结束本讲之前, 我想简单地描述一下这个高次方程的一般问题已经处理到了何种程度.

首先, 我要提到本人[①] 和 Gordan[②] 关于有 168 个代换的 Galois 群的七次方程的讨论. 这里的最小变量数为三, 这个三元群与 168 个线性代换组成的群是相同的群, 这在《椭圆模函数》(*Elliptische Modulfunctionen*) 第 I 卷中已经做了详尽的论述. 其中, 在那里我只说明了一般想法, 而 Gordan 实际完成了七次方程化为三元问题的工作. 这无疑是一项杰出的工作; 只可惜 Gordan 在这里, 正如在别处一样, 只是给出一系列复杂的公式, 而对于他的主要思想的解释不屑一顾.

其次, 我还必须提到发表在 *Math. Annalen*, 第 28 卷 (1887)[③] 上的一篇文章, 我在其中指出了六次和七次一般方程的正规问题的最小数为四, 以及如何实现约化.

最后, 我在给 Camille Jordan[④] 的一封信中指出了在三次曲面理论中遇到的一个 27 次方程化归为正规问题的可能性,

---

[①]Math. Annalen, Vol. 15 (1879), pp. 251–282.

[②] *Ueber Gleichungen siebenten Grades mit einer Gruppe von* 168 *Substitutionen*, Math. Annalen, Vol. 20 (1882), pp. 515–530, and Vol. 25 (1885), pp. 459–521.

[③] *Zur Theorie der allgemeinen Gleichungen sechsten und siebenten Grades*, pp. 499–532.

[④]Journal de mathématiques, année 1888, p. 169.

它同样含有四个变量. 这个化归最后由 Burkhardt[①] 用很简单的方法完成了, 这里提到的所有四元群都被 Maschke[②] 更为周密地研究过.

这就是已完成的工作的完整叙述, 显然, 进一步朝这个方向发展不会有什么严重的困难了.

我想要提出的第一个问题如下. 如今已知许多 $6, 7, 8, 9, \cdots$ 个字母的置换群. 问题是在每一种情形下确定能够组成同构的线性代换群的最小变量数.

第二个问题, 我希望你们特别注意一般八次方程. 在这种情形我没能找到实质性的简化方法, 似乎八次方程就是它自己的正规问题. 如果能够肯定这一点, 无疑是十分有趣的.

---

① *Untersuchungen aus dem Gebiete der hyperelliptischen Modulfunctionen. Dritter Theil*, Math. Annalen, Vol. 41 (1893), pp. 313–343.

② *Ueber die quaternäre, endliche, lineare Substitutionsgruppe der Borchardt'schen Moduln,* Math. Annalen, Vol. 30 (1887), pp. 496–515; *Aufstellung des vollen Formensystems einer quaternären Gruppe von* 51840 *linearen Substitutionen*, ib., Vol. 33 (1889), pp. 317–344; *Ueber eine merkwürdige Configuration gerader Linien im Raume*, ib., Vol. 36 (1890), pp. 190–215.

第十讲

超椭圆函数和 Abel 函数的一些新进展

(1893 年 9 月 7 日)

超椭圆函数和 Abel 函数这个题目太大了, 不可能在一次讲座中涉及它们所有的内容. 我只想说说这个论题与不变量理论、射影几何以及群论之间的相互关系. 特别地, 我必须略去讨论数论对这些论题的影响. 把不变量理论和射影几何引入这个领域应当看作 Clebsch 纲领的实现和进一步扩展. 但是群的概念对于这个扩展是必需的. 至于在这些不同分支间

建立相互关系的意思, 我用大家熟悉的椭圆函数的例子作出解释以后就很好理解了.

从旧方法开始, 基本椭圆函数采用 Jacobi 形式

$$\sin\ \mathrm{am}\left(v, \frac{K'}{K}\right), \quad \cos\ \mathrm{am}\left(v, \frac{K'}{K}\right), \quad \Delta\ \mathrm{am}\left(v, \frac{K'}{K}\right),$$

它们依赖于两个自变量. 这些函数在许多文献中都讨论过了, 有时多用些 Riemann 几何观点, 有时多用些 Weierstrass 的解析观点. 这里我想提到 Briot 和 Bouquet 著作的第一版, 以及 Königsberger 和 Thomae 的德文著作.

新处理方法的推动来自 Weierstrass. 众所周知, 他引进了三个齐次自变量, u, ω_1, ω_2 以取代 Jacobi 的两个自变量. 为了建立与线性代换理论的联系, 这是必要的第一步. 考察不连续的三元线性代换群

$$\begin{aligned} u' &= u + m_1\omega_1 + m_2\omega_2, \\ \omega_1' &= \qquad \alpha\omega_1 + \beta\omega_2, \\ \omega_2' &= \qquad \gamma\omega_1 + \delta\omega_2, \end{aligned}$$

其中 $\alpha, \beta, \gamma, \delta$ 是整数, 行列式 $\alpha\delta - \beta\gamma = 1$, 而 m_1, m_2 是任意整数. Weierstrass 理论的基本函数,

$$p(u, \omega_1, \omega_2), \quad p'(u, \omega_1, \omega_2), \quad g_2(\omega_1, \omega_2), \quad g_3(\omega_1, \omega_2),$$

正是这个群的不变量完备系. 此外, g_2, g_3 也是通常 (Cayley) 的二元四次型 $f_4(x_1, x_2)$ 的不变量. 第一类积分

$$\int \frac{x_1 dx_2 - x_2 dx_1}{\sqrt{f_4(x_1, x_2)}}$$

依赖于这个四次型. 超越不变量同时也就是对应于超越理论的代数无理不变量这个重要特征将在所有更高情形下成立.

椭圆函数理论的下一个步骤, 必须谈到由 Clebsch 引进的关于亏格 1 的代数曲线的系统研究. 他特别研究了三次平面曲线 (C_3) 和空间第一类四次曲线 (C_4^1), 将椭圆积分看成沿着这些曲线的积分, 从而很方便地推导出许多几何命题, 由此, 现在射影几何的想法扩展了椭圆函数理论.

将这些思想加以结合与推广, 导致我提出下面表述的非常广泛的计划 (参见《椭圆模函数讲义》(*Vorlesungen über die Theorie der elliptischen Modulfunctionen*), Vol. Ⅱ).

从上面提到的不连续群开始

$$\begin{aligned} u' &= u + m_1\omega_1 + m_2\omega_2, \\ \omega_1' &= \qquad \alpha\omega_1 + \beta\omega_2, \\ \omega_2' &= \qquad \gamma\omega_1 + \delta\omega_2, \end{aligned}$$

我们的第一个任务就是构造它所有的子群. 这些子群中最简单和最有用的是被称为同余子群的那些; 它们由

$$\left.\begin{aligned} m_1 \equiv 0, &\quad m_2 \equiv 0, \\ \alpha \equiv 1, &\quad \beta \equiv 0, \\ \gamma \equiv 0, &\quad \delta \equiv 1, \end{aligned}\right\} (\mathrm{mod}.n)$$

即可得到.

第二个问题是构造所有这些群的不变量并建立它们之间的联系. 除了同余子群外不考虑其他的子群, 我们仍然极大地扩展了椭圆函数理论. 我们按照指定的数 n 的值, 区分问题

的不同级 (*Stufen*). 注意到 Weierstrass 理论对应于第一级 ($n=1$), 一般说来 Jacobi 的答案对应于第二级 ($n=2$); 更高的级别还从未系统地研究过.

第三, 为了说明几何方法, 我应用 Clebsch 的代数曲线概念. 从引入二元形式的通常的平方根开始, 它要求 x 轴被覆盖两次; 也就是说, 必须在 S_1 中用到 C_2. 接着, 我再进展到平面的一般三次曲线 (S_2 中的 C_3), 再到三维空间的四次曲线 (S_3 中的 C_4), 以及一般地 S_n 中的椭圆曲线 C_{n+1}. 这就是我说的正规椭圆曲线, 它们可以用来清楚地阐明椭圆函数之间任何代数关系.

顺便告诉大家, 我的《椭圆模函数讲义》一书严格地采用了这里建议的处理方法, 除了在那里 u 当然取为 0, 因为这正是模函数的刻画. 我希望在将来某个时候可以按照这里的方法来处理整个椭圆函数理论 (即 u 不等于零).

成功地将这个方法扩展到超椭圆函数和 Abel 函数理论是认定这个方法成功的最好证明. 为此我努力了许多年; 我把这个领域里已完成的工作呈现在你们面前了, 希望吸引大家沿着各种研究方法做出富有成效的工作.

关于超椭圆函数, 作为一般定义, 可以设定为两个变量 u_1, u_2 和四个周期的函数 (椭圆函数有一个变量和两个周期). 我这里不谈超椭圆函数发展的历史, 而立刻转到沿着上面说明的思路所取得的进展, 我们从这些函数对任意维空间中曲面的几何应用开始.

这里我们有 Rohn 对 Kummer 曲面的研究, 即有 16 个锥顶点的熟知的四阶曲面. 在 *Math. Annalen*, 第 27 卷(1886)①上有我本人的一篇报告. 如果每个数学家都为相应的椭圆函数 (平面中的 C_3, 等等) 的美妙而简洁的关系所感动, 那么由 Rohn 和我揭示的内接和外切于 Kummer 曲面的奇妙结构也不会不引起兴趣.

我还必须提到 Reichardt 于 1886 年发表在 *Acta Leopoldina* 上的内容广泛的论文, 其中作为这一理论的初步介绍, 他对超椭圆函数和 Kummer 曲面的关系作了既简洁又全面的概括. 研究的起点是二阶线丛理论.

法国数学家们最近把注意力转到了借助超椭圆函数表示曲面的一般问题上, Humbert 关于这个论题的详细报告将在最近一期的 *Journal de Mathématiques*② 上找到.

我现在转向超椭圆函数的抽象理论. 众所周知, Göpel 和 Rosenhain 采用十分接近于 Jacobi 椭圆函数论的方法于 1847 年建立了这个理论, 用积分

$$u_1 = \int \frac{dx}{\sqrt{f_6(x)}}, \quad u_2 = \int \frac{x dx}{\sqrt{f_6(x)}}$$

取代了单一的椭圆积分 u. 问题是: 超椭圆函数与六阶二元型 $f_6(x_1, x_2)$ 的不变量的关系是什么? 我和 Burkhardt 对这

① *Ueber Configurationen, welche der Kummer'schen Fläche zugleich eingeschrieben und umgeschrieben sind*, pp. 106–142.

② *Théorie générale des surfaces hyperelliptiques*, année 1893, pp. 29–170.

个问题的研究发表在 *Math. Annalen*, 第 27 卷(1886)[①] 和第 32 卷 (1888)[②] 上, 我们发现必须考虑把 f_6 分解为两个低阶因式 $f_6 = \phi_1\psi_5 = \phi_3\psi_3$. 这当然是无理分解, 相应的不变量是无理的; 而这样的不变量理论的研究也就必不可少.

然而, 有一个新步骤必须采取. 超椭圆积分通过方根 $\sqrt{f_6(x_1, x_2)}$ 与二元型 f_6 相关. 因此, 对应的 Riemann 曲面有两叶, 它们在六个点相连; 在这样的 Riemann 曲面上我们需要研究 x_1, x_2 的二元型, 正如一般地在那里考虑单一变量 x 的函数一样. 可以证明存在着一个特别的型称为素型. 严格类似于通常复平面上行列式 $x_1y_2 - x_2y_1$. 双叶 Riemann 曲面上的素型, 正如通常理论中的行列式一样, 有着仅当点 (x_1, x_2) 和 (y_1, y_2) 重合 (在同一叶上) 时才会等于零这个性质. 此外, 素型任何时候都不会变为无穷. 素型不再是代数形式而是超越形式, 在这点上素型不再与行列式 $x_1y_2 - x_2y_1$ 相似. 曲面上所有的代数形式仍能分解为素型. 这些素型提供了构造 θ-函数的自然途径. 于是立即有了一个函数, 它类似于 Weierstrass 椭圆函数中的 σ-函数, 我也称它为 σ-函数. 在上面提到的论文中 (*Math. Annalen*, 第 27 卷和 32 卷), 所有的讨论都是针对超椭圆函数的一般情形的, 无理性在于 $\sqrt{f_{2p+2}(x_1, x_2)}$, 其中, f_{2p+2} 是 $2p + 2$ 阶的二元型.

建立了通常 $p = 2$ 的超椭圆函数理论与二元六次型不变

① *Ueber hyperelliptische Sigmafunctionen*, pp. 431–464.

②pp. 351–380 和 381–442.

量的关系后, 我开始系统地研究椭圆函数的级 (*Stufen*) 理论, 我在 1887—1888 年对这个题目的演讲被 Burkhardt 充分地发展了, 并发表在 *Math. Annalen*, 第 35 卷 (1890)[①] 上.

至于在第一级, 由于与有理不变量和共变量理论有关, 要求非常复杂的计算, 意大利数学家 Pascal 取得了许多进展 (*Annali di Matematica*). 关于这方面的工作, 我要提到 Bolza[②] 发表在 *Math. Annalen*, 第 30 卷(1887) 上的论文, 其中讨论了在多大的程度上可以借助 θ-函数的零点表达六次有理不变量.

在更高级, 特别是第三级, Burkhardt 取得了非常有价值的进展, 发表在 *Math. Annalen*, 第 36 卷 (1890), 第 371 页; 第 38 卷 (1891),第 161 页; 第 41 卷 (1893), 第 313 页. 然而, 他只考虑了超椭圆模函数 (u_1 和 u_2 被设为零). Burkhardt 看来已经达到最后的目标, 即建立所谓的乘子方程, 虽然还留下了大量未完成的数值计算. 这是一个 40 次方程, Burkhardt 给出了构造系数的一般法则.

请大家比较一下 Burkhardt 的处理和 Krause 书《一阶超椭圆函数变换》(*Die Transformation der hyperelliptischen Functionen erster Ordnung*, Leipzig, Teubner, 1886) 中的处理. Krause 的研究建立在 θ-函数间的一般关系上, 也许可以

---

① *Grundzüge einer allgemeinen Systematik der hyperelliptischen Functionen I. Ordnung*, pp. 198–296.

② *Darstellung der rationalen ganzen Invarianten der Binärform sechsten Grades durch die Nullwerthe der zugehörigen θ-Functionen*, pp. 478–495.

走得更远些; 但是, 他的研究是从纯粹的形式观点进行讨论的, 没有涉及不变量理论、群论或其他相关的理论.

关于超椭圆函数就谈这些. 我现在简单地报告一下与 Abel 函数有关的进展. 我只列出论文; 它们可以分为三类:

(1) 在高亏格代数曲线上, 与第三类积分不变量表示相关的初步问题. Pick① 对没有奇点的平面曲线的情况考虑了这个问题. 另一方面, White 在他的毕业论文②中处理了空间同类由两个曲面完全相交而得的曲线, 上面没有奇点. *Math. Annalen*, 第 36 卷 (1890), 第 597 页登了摘要, 全文发表于 *Acta Leopoldina*. 这里还应该注意到 Pick 和 Osgood③ 关于二项积分的研究.

(2) 我本人在 *Math. Annalen*, 第 36 卷 (1890)④ 上发表了任意 Riemann 曲面上的形式的一般理论的一个述评, 特别对属于每个曲面的素型给出了定义. 还可以附带说一下, 去年以来 Ritter 博士再次研究了这个问题并取得了很大的进展; 参见 1893 年《哥廷根新闻》(*Göttinger Nachrichten*) 和 *Math. Annalen*, 第 43 卷. Ritter 博士把代数形式作为更一般形式,

---

① *Zur Theorie der Abel'schen Functionen*, Math. Annalen, Vol. 29 (1887), pp. 259–271.

② *Abel'sche Integrale auf singularitätenfreien, einfach überdeckten, vollständigen Schnittcurven eines beliebig ausgedehnten Raumes*, Halle, 1891, pp. 43–128.

③ Osgood, *Zur Theorie der zum algebraischen Gebilde* $y^m = R(x)$ *gehörigen Abel'schen Functionen*, Göttingen, 1890, 8vo, 61 pp.

④ *Zur Theorie der Abel'schen Functionen*, pp. 1–83.

即乘法形式的特例, 因而取得了实质性的进展.

(3) 最后, 在我们规划的基础上, 对特殊情形 $p = 3$ 从各个方向进行了研究. 这种情形下的正规曲线是熟知的平面四次曲线 C_4, Hesse 以及其他一些学者研究了它的几何性质. 我发现 (*Math. Annalen*, 第 36 卷) 这些几何结论, 虽然从完全不同的观点获得, 却正是 Abel 问题所需要的, 实际上它使我能在 C_4 的帮助下明确地定义了 64 个 θ-函数. 这里, 正如在别处那样, 数学发展的某种天然的协调性显露出来, 一个方向上的研究需要由另一个方向上的研究来提供, 以至于我们好像看到了不以人的意志而转移的逻辑的必要性.

在此情形中, 我引进了 σ-函数来代替 θ-函数. 正如在 $p = 2$ 时一样, 系数是无理共变量. 这类 σ-级数被 Pascal 详尽地研究过, 见 *Annali di Matematica*. 当然, 这些研究的成果与 Frobenius 和 Schottky 的研究密切相关, 只是限于时间关系我不能详细地引述.

最后, 必须提到澳大利亚数学家 *Wirtinger* 的研究. 首先, Wirtinger 对 $p = 3$ 建立起类似的 Kummer 曲面. 它是 S_7 中 24 阶三维流形; 见 1889 年《哥廷根新闻》(*Göttinger Nachrichten*) 和 1890 年的《维也纳月报》(*Wiener Monatshefte*). 虽然相当复杂, 这个流形有着某些非常漂亮的性质, 有 64 个共线变换与 64 个反演将它变为自己. 其次, 在 *Math. Annalen*, 第 40 卷(1892)[①] 中, Wirtinger 在只考虑有理不变

① *Untersuchungen über Abel' sche Functionen vom Geschlechte* 3, pp. 261–312.

量与共形不变量的情形下讨论了 Abel 函数; 这与 $p = 3$ 的"第一级"相对应. 他的研究充满了新奇而富有成效的思想.

在结束本讲前, 我想说, 对于 $p = 2$ 和 $p = 3$ 尽管还留有大量工作要做, 但基本的困难已经克服了. 接下来的大问题是冲击 $p = 4$, 这里的正规曲线是空间六次曲线. 希望进一步的努力能克服留下的困难. 当一般 θ-级数而不是代数曲线被作为出发点时, 另一个有希望的问题就出现在 θ-函数领域. 分析学家开发出了大量的公式, 我们的问题是把这些公式与各种代数结构中的几何概念联系起来. 我强调这些特殊的问题, 是因为 Abel 函数始终被看成现代数学最有趣的成就之一, 于是, 在这个理论中我们取得的每个进步都会成为衡量我们自身效率的标准.

第十一讲

非欧几何的最新研究

(1893 年 9 月 8 日)

我今天的评论局限在近几年来非欧几何的进展. 在报告最新研究之前, 我想简要概述一下在这个领域数学家们的一般观点. 对非欧几何有三种观点.

(1) 首先是初等几何观点, Lobachevsky 和 Bolyai 是这方面的代表. 他们都从简单的几何构造开始, 除了把平行公理换成了另外的公理以外, 完全像 Euclid 那样展开. 于是, 他们建立了一个非欧几何系统, 其中直线长度是无限的, “曲率测度” (先用一个他们没用过的术语) 是负的. 当然, 也可以用类似的过程得出正曲率测度的几何学, 这是 Riemann 首先提出的, 只需将公理重新阐述以使得直线长度为有限, 从而平行线不可能存在.

(2) 用射影几何观点, 我们从建立 von Staudt 意义的射影几何系统开始, 引入射影坐标, 于是直线和平面都由线性方程给出. Cayley 的射影测度理论直接导致非欧几何三种可能的情形: 按照曲率 k 的测度是 $< 0, = 0$ 或 > 0, 分别为双曲的、抛物的和椭圆的. 当然, 这里采取的是 von Staudt 的系统, 而不是 Steiner 的系统, 这是至关重要的, 因为后者用点的距离而不是用纯粹的射影构造来定义了非调和化.

(3) 最后是 Riemann 和 Helmholtz 观点. Riemann 从距离元素 ds 开始, 并假设可表为下形

$$ds = \sqrt{\sum a_{ik} dx_i dx_k}.$$

Helmholtz 试图证明这个假设, 他研究了空间中的刚体运动, 并得出 ds 为这个形式的必要性. 另一方面, Riemann 引进了空间曲率测度的基本概念.

两个变量情形下曲率测度的概念来自 Gauss, 它是对三维空间曲面而言的, 他证明这是曲面的内在特征, 完全独立于曲面所在的更高维空间. 这一点给许多非欧几何学者造成了误解. 当 Riemann 把曲率测度 k 作为三维空间的特性时, 他只想说存在着一个 "形如" $\sqrt{\sum a_{ik} dx_i dx_k}$ 的不变量; 并不是说三维空间必定是以四维空间中的一个弯曲空间而存在. 类似地, 用熟悉的球面的例子来阐明曲率测度为正常数的空间

也有些误导. 由于球上的测地线 (大圆) 从任意点出发全都再汇聚到另一个确定的点, 称为出发点的对跖点, 而对跖点的存在有时会被当作正常曲率假设的必要结论. 由非欧几何空间射影理论立即得出, 对跖点的存在虽然与椭圆空间的性质相容, 但不是必要的, 该空间中的两条测地线可能交于一点或根本不相交[①].

我请大家注意这些细节是为了指出采用上面三个观点中的第二个确有一些好处, 虽然第三种观点至少也一样重要. 事实上, 我们的空间的概念来自于视觉和运动, 空间的"光学性质"是一个来源, 而"力学性质"是另一个来源, 总的来说前者对应于射影性质, 后者对应于 Helmholtz 所研究的性质.

如前所述, 从射影几何的观点来看, 应当采用 von Staudt 的系统为基础. 我们可以说, von Staudt 实际上假设了平行公理 (假设了一列线束和一列点之间的一一对应). 不过, 我在 *Math. Annalen*[②] 中已经说明如何通过将 von Staudt 所有结构限制在空间的一个有限区域来克服这个表面上的困难.

现在我来谈谈 Lie 和我关于非欧几何最近所做的研究. Lie 在萨克森学院的报道 (*Berichte*) (1886) 上发表了一篇短文, 又在 1890 年和 1891 年在报道 (*Berichte*) 上对他的观点做了更为充分的说明. 这些论文包含着 Lie 关于连续群理论在

①这个理论也被 Newcomb 发展了, 登载在 *Fournal für reine und angewandte Mathematik*, Vol. 83 (1877), pp. 293–299.

② *Ueber die sogenannte Nicht-Euklidische Geometrie*, Math. Annalen, Vol. 6 (1873), pp. 112–145.

Helmholtz 提出的问题上的应用. 我很高兴把 Lie 的研究成果介绍给你们, 它们既没有放进我关于射影几何基础的 *Math. Annalen*, 第 37 卷 (1890)[①] 中的论文里, 也没有放进我 1890 年在哥廷根做的关于非欧几何报告的 (石印) 讲义里; Lie 的后两篇论文出现得太晚了, 而他的第一篇论文不知为何从我的记忆中消失了.

我必须先用现代术语来表述 Helmholtz 问题. 三维空间的运动是 ∞^6, 并且形成一个群, 称为 G_6. 已知这个群对任意两个点 p, p' 有一个不变量, 即这两点的距离 $\Omega(p, p')$. 但是这个不变量 (或更一般, 这个群) 用点的坐标 x_1, x_2, x_3, y_1, y_2, y_3 来表示的形式事先不知道. 问题是: 运动的群是否被这两个性质充分地刻画, 以至于除了欧几里得几何系统和两个非欧几何系统之外不可能再有别的系统了.

为了说明这个问题, Helmholtz 把他的方法用于二维空间这个类似的情形. 这时我们有 ∞^3 运动群; 距离仍然是不变量, 然而可以如下构造一个群, 它不属于三个系统中的任何一个.

令 z 为复变量; 刻画欧几里得几何群的代换可写成下面熟知的形式

$$z' = e^{i\phi}z + m + in = (\cos\phi + i\sin\phi)z + m + in.$$

在指数上引入一个复数, 修改这个表达式, 得

$$z' = e^{(\alpha+i)\phi}z + m + in = e^{\alpha\phi}(\cos\phi + i\sin\phi)z + m + in,$$

① *Zur Nicht-Euklidischen Geometrie*, pp. 544–572.

这就得到一个变换群. 通过这个变换群作用后, 一个点 (简单情形是 $m=0$, $n=0$) 不是在关于原点的一个圆上运动, 而是在一条对数螺线内运动; 然而它是有三个变参量 m,n,ϕ 的群 G_3, 每两个点均有一个不变量, 如同原来的群那样. 因此, Helmholtz 断言必须添加新的单值条件才能完全定义我们的群.

现在来介绍 Lie 的工作. 首先叙述结果: Lie 证明了所有 Helmholtz 的结论, 只有一个例外, 即三维空间里单值性公理是不需要的, 所考虑的群完全由其他公理所确定. 至于证明, Lie 指出 Helmholtz 的想法必须加以补充. 事情是这样的. 保持空间一点固定, 我们的 G_6 即将化简为 G_3. 现在 Helmholtz 问, G_3 将如何变换从定点出发的直线的微分. 为此, 他写出了公式

$$dx_1' = a_{11}dx_1 + a_{12}dx_2 + a_{13}dx_3,$$

$$dx_2' = a_{21}dx_1 + a_{22}dx_2 + a_{23}dx_3,$$

$$dx_3' = a_{31}dx_1 + a_{32}dx_2 + a_{33}dx_3,$$

其中系数 $a_{11}, a_{12}, \cdots, a_{33}$ 依赖于三个变参量. 但是 Lie 注意到这还不够一般, 上面给出的线性方程只表示了幂级数的第一项, 必须考虑群的三个参数也许没有都出现在线性项中的可能性. 为了处理所有可能情形, 必须应用 Lie 群的一般理论, 而这正是 Lie 所做的.

现在说几句我自己最近对非欧几何的研究, 论文可在 *Math. Annalen*, 第 37 卷 (1890), 第 544 页上找到. 这些

研究得出的结论是, 我们的关于非欧空间的想法仍然是不完全的. 事实上, Riemann, Helmholtz, Lie 所有的研究都只考虑了原点周围的部分空间; 他们只在该点的附近建立了解析法则. 而现在空间当然可以延伸, 问题是从这种延伸中可以得出何种空间关系. 我们发现有着各种不同的可能性, 三种几何学中的每一种都提供了一系列的细分.

为了更好地理解这多种多样的关系的意义, 我们来比较球面与球直径构成的线束上的几何学. 把每条直径都当成无限长的直线, 或者一束过中心的光线 (而不是从中心出发的半直线), 线束的每条直线对应于球上的两个点, 也就是直线与球相交的两个点. 于是, 就有了线束中的直线与球上的点间的一到二的对应. 现在取球上的一小块面积, 显然面积中两点的距离就等于线束中对应直线的夹角. 因此, 只要涉及的区域足够小, 球面上点的几何学与线束中直线的几何学是同一的, 两者都对应于正常曲率假设的几何. 然而, 一旦我们一边取全封闭球, 另一边取完全的线束, 两种几何就不同了. 例如, 取两条球面上的测地线, 即两个大圆, 显然交于两 (直径上的) 点. 而对应于两族线束上有一条公共的直线.

比较欧几里得平面几何学与封闭柱面几何学可以得到显示不同性的第二个例子. 后者可按平常的方法展开成两条平行线之间的带子, 如图 20 所示, 箭头两端所指的点在柱面上是重合的. 我们立刻注意到其中的差别: 平面中所有测地线都是无限长的, 而在柱面上有一条测地线只有有限长, 此外, 平面中两条测地线总是交于一点, 而柱面上可能交于 ∞ 多个点.

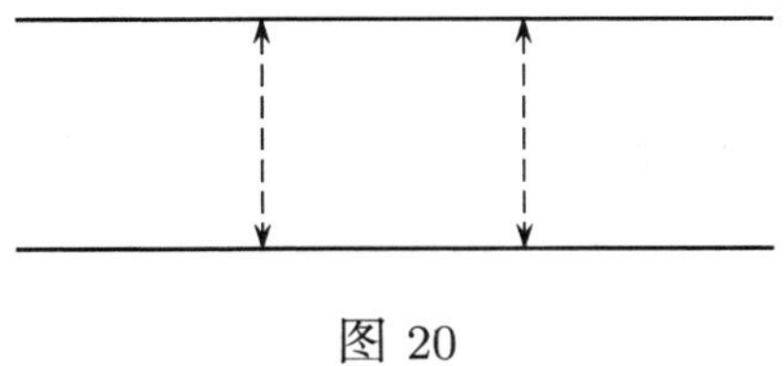

图 20

Clifford 在英国协会的布拉德福德会议 (1873 年) 上做的一次演讲中推广了这第二个例子. 按照 Clifford 的一般想法, 我们可以在平常的平面上用一个平行四边形定义一个封闭曲面, 使对边逐点对应, 如图 21 所示. 这不应理解为平行四边形弯曲后使对边重合 (显然如果不拉伸就不可能做到), 而只是从形式上把相对的点等同起来. 于是我们得到了一个环面的连通封闭流形. 任何人在对比欧几里得平面后, 都能看出关于测地线的长度与交点等方面的极大区别.

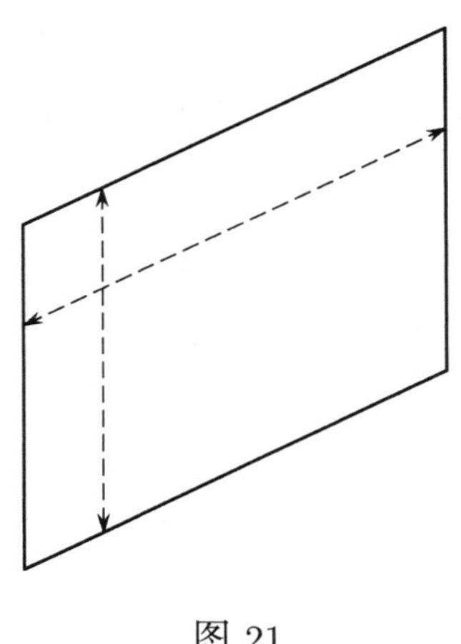

图 21

在这个曲面上考察欧几里得运动 G_3 是有趣的. 将封闭曲面看成整体后, 在曲面自身上移动不再可能有 ∞^3 种方式.

但是在封闭曲面上以 ∞^3 种方式移动任意小面积并没有任何困难.

这样, 我们就在欧几里得平面之外找到了另外两种形式的曲面: 平行线间的带状曲面和 Clifford 平行四边形. 类似地, 除了平常的欧几里得空间, 我们有另外 3 种几何, 它们具有欧几里得线元素; 其中之一得自考虑平行六面体.

我在这里引进公理化因素. 没有方法证明整个空间可在它自身中以 ∞^6 种方式运动; 我们只知道空间小块能以 ∞^6 种方式在空间中运动. 因而存在这样的可能性: 我们实际的曲率测度取为零的空间可能对应于四种情形中任意一种情形.

对正常曲率空间进行同样的考察, 我们返回到前面谈到的椭圆和球面几何学两种情形. 但是若假设曲率为负常数, 则可得到无限多种情形, 它恰好对应于 Poincaré 和我在自守函数理论研究中的曲面. 对此在这里不再讨论.

我附带说一下, Killing 已经验证了整个理论①. 显然, 从这个观点出发, 以前的学者对空间所做的许多断言已不再正确 (例如, 空间的无限性是零曲率的推论), 于是我们被迫同意, 我们的几何证明没有绝对的客观真理, 它们只是相对于我们现在的知识水平下是对的. 这些证明常常被我们熟知的空间观念所限制; 我们永远不知道概念的扩大是否会引导我们去考虑更多种可能性. 从这点出发, 我们在几何学中应有某种克制, 正如在物理学中常常遇到的那样.

---

① *Ueber die Clifford-Klein'schen Raumformen*, Math. Annalen, Vol. 39 (1891), pp. 257–278.

第十二讲

哥廷根大学的数学研究

(1893 年 9 月 9 日)

在最后这一讲中, 我想对哥廷根大学组织数学研究的方式做个一般性评述, 特别讲讲美国学生可能感兴趣的内容. 同时, 我愿意给大家一个提问的机会, 询问那些你们可能会想到的有关一般德国大学数学研究这个更广泛课题方面的问题. 我很高兴力所能及地回答你们的询问.

谈论哥廷根数学教学的组织也许是不准确的; 你们知道德国大学中流行教学自由 (*Lern- und Lehr-Freiheit*), 所以在我心里 "组织" 仅仅是数学教授和教员之间自愿的协议. 在哥廷根我们区分一般数学课程和高级数学课程. 一般课程是为大多数学生开设的, 他们的目标是希望献身于高级中学的数学和物理教学 (文科中学、专科中学、一般中学等), 而高级课程是为那些最终目标是要进行原创性研究的学生特别设计的.

关于前一类学生, 我的意见是在德国 (在美国我想情况是很不相同的) 给他们的抽象理论教育已经太多了. 毫无疑问, 大学首要应该给学生以科学理想. 因此, 即使这些学生掌握的数学知识也应该远远超过他们将来要教的初等数学. 但是为他们设定的理想不应选择得如此遥远, 以至于超出他们更直接的需要, 使他们很难或者不可能理解这种理想在将来的实际工作和生活中的意义. 换句话说, 这种理想应当使未来的教师们对他们终生的工作充满热情, 而不是让他们轻视这项工作, 觉得那是没有价值的单调乏味的苦工.

为此, 我们坚决主张这类学生在纯数学课程之外, 还应该全面学习物理学课程, 这个学科是高级中学必要的内容. 我还推荐天文学, 因为它显示了数学的重要应用; 我相信一些技术分支, 如应用力学、材料阻力, 等等, 对显示数学科学的实用性也有很有价值的帮助. 几何作图和画法几何当然也是其中的一部分. 在数学课程中安排特定的解题练习和报告练习等, 使学生与指导教师有机会个别接触.

我想特别讲讲高级课程, 这是美国学生更感兴趣的. 这里专业化自然是必需的. 每个教授和讲师都要为高年级学生, 特别是申读博士学位的学生提供特别设计的课程. 鉴于现代数学范围宽广, 想要覆盖全部领域是办不到的. 这些课程不是每年都开设; 它们主要依赖于当时吸引教授注意的特定的研究课题. 除了讲授还有高级讨论班, 它们主要是引导学生进行原创性研究, 并给他们提供独立研究的机会.

关于我自己的高级课程, 我按计划在不同的年份选择不同的课题, 总的目的是, 随着时间的推移, 要获得现代数学全部领域的完整观念, 特别关注直观或者 (在这个术语的最高意义上) 几何立场. 我相信, 大家在这个学术讨论会上也发现了这个总趋势. 在讨论会上我竭力想说明在某种限度内我个人工作的总计划. 为了在哥廷根实行这个计划并引起我的学生们的注意, 许多年来我采用的方法是认真写出我的高级课程的讲稿, 并且近几年来我还将它们印刷出来方便学生使用. 讲稿放在大学的数学阅览室以供听众阅读参考; 谁都可以得到印刷的讲义, 而且我很高兴地发现它们的知名度在美国如此之高.

另一个要点是, 我想说我不仅把学生当成听众或者学习者, 而且常常看成合作者. 我希望他们在我的研究中成为一群活跃分子; 我欢迎他们带来了特殊的知识或者新颖的想法, 不管是他们独创的还是来自于别的渠道, 或者别的数学家教的. 这样的人在哥廷根度过的时光对他们来说是最有益的.

我愉快地看到我的学生中有许多美国人, 而且很高兴地目睹他们热情高涨, 精力充沛. 事实上, 我毫不犹豫地说, 有些年我的高级课程主要是由来自美国的学生支持的. 然而, 我觉得有责任在这里指出偶尔会出现在从美国来到哥廷根的学生中的某些困难. 也许我在这里说得坦率点可以帮助部分地消除这些困难. 我想说的是, 在哥廷根经常发生, 有可能在德国其他大学也这样, 美国学生在没有充分准备的情形下就希望学习高级课程. 一个学生仅有微积分学的基本知识, 通常也不太熟悉德语, 却错误地决定参加我的高级课程. 如果他来到哥廷根只做了这样一点准备 (或者, 更确切地说, 没有什么准备), 那么也许进入我校提供的较为初级的课程更合适; 但是, 一般来说, 这不是他来此的目的. 那么在一所较大的美国大学先学上一两年岂不更好? 这样, 他会发现更容易过渡到专业学习, 同时, 会更加清楚地判定自己的数学能力; 这样也能避免他来到德国后产生严重的挫折感.

我相信, 我这些说法不会被误解. 我在这里出现在你们之中, 就足以证明我对去哥廷根学习的美国学生的重视. 我正是要对那些有兴趣去那儿的学生讲这些话的; 为此, 如果能最广泛地公开我关于这个问题的谈话, 我会很高兴.

还有另外一个困难, 这就是我的高级课程常有一种百科全书式的特点, 它符合我的计划的总趋势. 这对于想要直接获得博士学位的美国学生来说也常常不太符合需要. 除了从我的课程获得知识外, 他需要专注于某一个特定的课题; 在这方面, 他去找哥廷根或其他地方的别的老师最为合适. 我希望特别说明, 我完全不认为让所有的学生把他们的数学研究都限制在我的课程甚至哥廷根才是可取的. 相反, 在我看来, 大多数学生应当跟随其他的数学家, 从事某些特定领域的研究才更好. 我的课程可以作为更为宽广的背景, 用以衬托那些特定领域的研究. 我相信, 这才是我的课程的极大益处所在.

最后, 我要感谢大家的热情关注, 在如此邻近这个联邦国家的大都市芝加哥的埃文斯顿, 我遇到了一大群对我选择的学科极其热情的爱好者. 在这里我表达与他们相聚的愉快.

附录 I

数学在德国大学中的进展[①]

18 世纪为数学各分支的发展打下了坚实的基础. 然而在数学研究中, 那时的大学并不突出; 研究学院才是头等重要的组织. 数学研究不认可任何国界的限制. 在 18 世纪之初, 德国出了 *Leibniz* 这样的伟人; 随后在瑞士出现了 *Bernoulli* 家族, 以及他们的同胞, 无与伦比的 *Euler*. 但是, 这些人的活动并没有局限在狭窄的地域范围之内; 除了德国和瑞士, 还包括尼德兰, 特别还有俄罗斯. 另一方面, 在腓特烈大帝时代, 最卓越的法国数学家 Lagrange, d'Alembert, Maupertuis, 与 Euler

①译自 *Die deutschen Universitäten* (Berlin, A. Asher & Co., 1893) 一书中的 *Mathematik* 一节. 原作者有几处小的修改. 这是 Lexis 教授为芝加哥的哥伦比亚世界博览会准备的译文. —— 英译本原注

和 Lambert 肩并着肩创造了柏林研究院的光辉业绩. 法国大革命的强烈冲击对上述状况产生了完全的改变.

这个伟大的历史事件对科学发展的影响表现在两个方面. 一方面, 它导致不同国家更加分离, 使得民族特征分别发展. 当然, 科学观念保持着它们的普适性, 科学家之间的国际交流对科学的发展变得尤其重要, 但现在科学思想的培育和发展以各个国家的发展为基础. 法国大革命的另一个影响是在教育方法上. 其中决定性的事件是 1794 年巴黎综合工科学校 (École polytechnique) 的建立. 科学研究与活跃的教学相结合; 授课必须辅以教师与学生的直接交流; 尤其是激发学生自己的积极性; 承认与接受这些重大原则应归功于巴黎综合工科学校的建立. 在那里, 系统地出版教学讲义成为习惯, 这是一个非常行之有效的榜样; 由此出现了一大批令人钦佩的教科书, 它们至今在德国各地仍然是数学学习的基础教材. 然而, 理工院校的创立者们的主要理念并没有在德国的大学被恰当地接受. 这个理念就是技术与高等数学训练的结合. 首要的是, 这种结合对于理论研究不受限制的发展有着明显的优势, 这是肯定的. 在发现自己只是面对着数量很少的将成为未来的教师和研究工作者, 因而对纯粹理论有着天然的极大兴趣的学生时, 我们的教授能够以极大的自由度按照他们每个人的天赋和偏好促进其发展; 这样的自由在其他地方是不可能的.

我们先来做一个历史描述. 首先必须认定在这个年代的科学中 Gauss 所占的位置. Gauss 站在了新发展的最前沿: 首

先, 以他的活动时间来看, 他发表的论文可追溯到 1799 年, 并且覆盖了整个 19 世纪的前半叶; 其次, 他几乎在纯数学和应用数学的每个分支都给我们带来了大量的新思想和新发现, 并且它们依然保持着丰富的成果; 最后, 以他的方法来看, 因为 Gauss 是第一个恢复我们曾经赞美过的古人的严格论证的人; 由于以前我们只对新知识发展有唯一的兴趣, 这种严格性已经被过度地推向后台. 但是我更愿意把 Gauss 与 18 世纪伟大的学者 Euler, Lagrange 等人放在同一列. 之所以属于他们之列, 是由于他的工作的广泛性, 在他的研究工作中没有出现专业化的痕迹, 这种专业化是我这个时代的特征. 这是由于他专注的学术兴趣, 以及没有参与我们上面描述的现代教学活动. 我们可以想象出数学发展的一幅画卷, 若用一系列的高耸的山峰代表 18 世纪的数学家们, 那么 *Gauss* 就是终止于远处的那座雄伟的最高峰, 然后是宽阔的低海拔的丘陵地带, 但充满了生命的新元素. 与 Gauss 有着直接联系的有在随后的时期中那些处在 *Bessel* 支配性影响下的天文学者和测量学者. 此后理论数学开始在我们的大学里独立地传授与研究, 而在 19 世纪 20 年代开始了以 *Jacobi* 和 *Dirichlet* 的辉煌名字标志的新纪元.

Jacobi 最初来自柏林, 晚年又回到了那里 (1851 年去世). 从 1826 年到 1843 年他在哥尼斯堡与 *Bessel* 以及 *Franz Neumann* 一起工作的这个时期应当看作他学术生涯的顶峰. 在那里, 他于 1829 年发表了《椭圆函数论的新基础》(*Fundamenta nova theoriæ functionum ellipticarum*), 其中, 他以分析的形

式对这个领域中他自己以及 Abel 的发现进行了系统的阐述. 后来, 他去巴黎住了很久, 最后作为一位教师积极地活动, 在激发纯粹数学的活力与研究方面至今仍是无与伦比的. 他的动力学讲义由 Clebsch 于 1866 年编辑完成, 在哥尼斯堡讲课的完全的清单也由 Kronecker 汇编为他的全集 (*Gesammelte Werke*) 第七卷, 从这些我们可以得到他的学术活动的概貌. Jacobi 讲课的新特点是他只讲授他本人正在研究的问题, 他的唯一的目的是引导他的学生进入他自己的一系列思想. 为此, 他建立了第一个数学讨论班. 他对讨论班投入了巨大的热情, 常常报告研究工作中最重要的新结果, 但始终不愿费时在别处发表这些结果.

Dirichlet 先在布累斯劳工作, 然后有很长一段时间 (1831—1855 年) 在柏林, 最后有四年时间在哥廷根. 他跟随着 Gauss, 又与同时代的法国学者关系密切, 他选择了数学物理和数论作为他科学活动的核心课题. 要注意的是他的兴趣很少在综合发展方面, 而是致力于概念的简化和原理方面的问题; 这也是他在讲课中特别坚持的东西. 这些课程的特点是极其透彻明白, 又有某种精致的客观性; 既能让初学者非常容易理解, 同时对有经验的读者又有高层次的启发. 这里, 只需提到由 Dedekind 编辑的他关于数论的演义就足够了, 它们仍然是这个课题的标准教科书.

我们提到的 Gauss, Jacobi, Dirichlet, 正是他们决定了数学后来的发展方向. 下面我们换一种方式来继续描述, 谈论从数学的角度来看非常杰出的大学, 这是因为今后除了个别学者的特殊贡献之外, 因地制宜合作原则对发展我们的学科将有越来越大的影响. 上限设为 1870 年, 我们要谈到的大学是哥尼斯堡大学、柏林大学、哥廷根大学和海德堡大学.

Jacobi 在哥尼斯堡大学的活动已经说得够多了, 现在还可以加上一句: 在他离开以后, 这所大学依然保持着数学教育中心的地位. *Richelot* 和 *Hesse* 知道如何保持 Jacobi 的高水平传统, 前者在数学分析方面, 后者在几何学方面. 同时, *Franz Neumann* 的数学物理课程开始吸引了越来越多人的注意. 一大批卓越的数学家来自哥尼斯堡, 在德国几乎没有一所大学没有来自哥尼斯堡的教授.

对于柏林, 我们前面也已经谈了一些. 从 1845 年到 1851 年, *Jacobi* 和 *Dirichlet* 一起工作的时期, 形成了第一柏林学派发展的顶峰. 除他两个外, 最杰出的人物是 *Steiner* (1835 年到 1864 年间在此大学供职), 他是德国综合几何学的创始人. 他是一位具有原创性的人物, 非常有效的教师, 这要归功于他独立创造的几何概念. —— 作为一个不小的重要事件, 我们必须提出 *Crelle* 的《纯粹与应用数学杂志》(*Journal für reine und angewandte Mathematik*) (1826 年) 的创立. 这是几十年来德国唯一的数学期刊, 发表了近年来德国迅速发展的数学科学的几乎所有的卓越代表人物的基本工作. 在外国稿件中, 第一期发表了 Abel 首创的研究成果. *Crelle* 本人主编这本定期刊物三十年; 然后由 *Borchardt* 接手, 从 1856 年到 1880 年; 现在这本杂志已有 110 卷了. —— 我们也必须提到柏林物理学会的建立 (1844 年). *Helmholtz, Kirchhoff* 和 *Clausius* 等都是在那里成长起来的; 虽然狭义地说, 这些人不能归为数学家, 他们从各方面都在我们学科里做出了重要结果. 与此同时, 通过进一步发展由 Gauss 首创的天文计算方法, *Encke* 作为柏林天文台台长 (1825—1862 年) 有着重大的影响. —— 现在我们离开柏林, 转而论述哥廷根大学近年来在数学方面的发展.

在这里讨论哥廷根学派是合适的. 哥廷根在数学领域的重要性的永久基础必然是 Gauss 传统. 这种重要性直接延续到物理方面, *Wilhelm Weber* 从莱比锡回到哥廷根 (1849 年) 后, 首次建立起由 Gauss 和他本人创立的精密电磁测量方法的系统训练. 在数学方面有几个著名的后继者接踵而来. Gauss 去世后, Dirichlet 应邀成为其继承者, 并将他的优秀的教学活动带到哥廷根, 但只有短短的几年 (1855—1859 年). 在他这里, *Riemann* 成长起来 (1854—1866 年), 随后是 *Clebsch* (1868—1872 年).

Riemann 扎根于 Gauss 和 Dirichlet; 另一方面, 他又充分地吸收了 Cauchy 应用复变量的观念. 于是, 他在函数论中做出了意义深远的创造. 从那时以来, 这些题材被证明是最具启发性的丰富而永久的源泉. Clebsch 与 Riemann 处于互补的关系. 他最初来自哥尼斯堡, 研究数学物理, 在基森工作期间 (1863—1868 年) 他已经找到了一个特殊的方向, 后来在哥廷根沿着这个方向取得了极大的成功. 在熟悉了 Jacobi 的理论和现代几何学之后, 他把英国数学家 Cayley 和 Sylvester 在代数方面的成果引入了这些领域, 在这双重基础上他着手建立处理整个函数论中问题的新方法, 特别是对 Riemann 独创的函数论的新方法. 这还不是 Clebsch 对于发展数学科学的全部意义. 他是一个具有活跃的想象力的人, 但也很容易进入他人的想法中. 他对学生的影响远远超出直接教学的范围; 他具有积极的事业心, 和莱比锡的 C. Neumann 一起创立了一份新的刊物,《数学年刊》(*Mathematische Annalen*), 此刊一直定期出版, 最近刚完成了它的第 41 卷.

现在我们来追忆一下在海德堡从 1855 年直到 1870 年那些难忘的岁月. 在这里 Hesse 做优美并广受欢迎的关于解析几何学的讲演. 在这里, Kirchhoff 创作了他的数学物理教程. 也正是在这里, Helmholtz 完成了他那些伟大的数学物理论文, 它们转而又成为 Kirchhoff 后来那些优美研究成果的基础.

现在来谈谈第二柏林学派, 它始建于 19 世纪中叶, 但现在仍然活跃. *Kummer, Kronecker, Weierstrass* 曾是它的领袖人物, 前两人是 Dirichlet 的学生, 卓越地发展了数论; 最后一位更多地倾向于 Jacobi 和 Cauchy, 他和 Riemann 一起成为现代函数论的创立者. Kummer 的讲座在这里只能简单地提一下; 这些讲座清晰的安排和讲解对大多数学生特别有用, 不过它的内容却没有什么名气. Kronecker 和 Weierstrass 的情形就很不相同, 随着时间的推移, 他们的讲座越来越表现出其独特性. 在某种程度上, 他们一方面将直观方法推向后台, 而另一方面又适度地避免了这门学科形式化的发展趋势, 非常富有批判精神地注重研究这个学科的基本分析思想. 在这个方向上, Kronecker 比 Weierstrass 走得更远, 他试图完全消除无理数的概念, 全部化归为单纯的整数之间的关系. 这种倾向产生了极其广泛的影响, 使我们当前大部分数学研究工作具有明显的特色.

至此, 我们大概地叙述了我们学科大约在 1870 年时的情况. 然而用类似的方式来描述此后的发展是不可能的, 因为现在这个发展过程并未结束, 应该提到名字的那些人还在他们创造性的活动之中. 我们能做的只是对德国数学科学当前的情况做一些更一般性的说明. 不过, 在这样做之前, 必须对前面的叙述做两方面的补充.

首先必须强调的是, 即便在这里约定的范围内, 我们也根本没有涵盖整个课题. 事实上, 德国大学的特点是它们的活动不是完全集中的 —— 在任何地方, 一旦出现了领军人物, 他就会找到自己的活动领域. 我们这里可以提到早期的敏锐的分析学者 *J. Fr. Pfaff*, 他 1788 年至 1825 年在黑尔姆斯塔特和哈勒工作, 当时 Gauss 是他的学生之一. Pfaff 是组合学派的第一人, 这个学派有一个时期在德国不同的大学里十分流行, 但最后在科学全面发展的潮流中被推向边缘. 接下来我们必须提到三个伟大的几何学家, 莱比锡的 *Möbius*, 波恩的 *Plücker*, Erlangen 的 *von Staudt*. Möbius 同时又是一个天文学家, 1816 年至 1868 年领导莱比锡天文台. Plücker 也只把他多产时期 (1826—1846 年) 的前半段献给了数学, 然后就专注于实验物理去了 (他在那里的研究非常有名), 只是在他生命的最后几年 (1864—1868 年) 才又转回到几何学研究中来. 他们三人各自在一个小范围内进行教学活动, 这个偶然的情况使我们在叙述中没有突出现在几何学的发展, 这样做并不十分恰当. 在大学范围之外, 还可以加上斯德丁的 *Grassmann* 的名字, 在《扩张理论》(*Ausdehnungslehre*) (1844 年和 1862 年) 中, 他构想了一个包含现代几何全面研究的系统. 此外, 还应提到哥达的 *Hansen*, 他在一个完全不同的领域中工作, 是理论天文学的著名代表人物.

我还必须用几句话来谈论一下技术教育的发展. 19 世纪中叶, 招聘著名数学家到综合工科学校去任教, 已经成为一种惯例. 在这方面站在最前面的是苏黎世, 尽管有政治边界, 仍可当成我们自己的学校; 事实上, 有相当多的教授曾经任教于苏黎世综合工科学校, 今天他们都是为德国大学增添光彩的人. 因此, 巴黎学派的办学理念, 即数学与技术教育相结合, 再一次变得更为突出. 这个方向上影响特别大的是 *Redtenbacher* 机械理论课程, 它把越来越多的热情洋溢的学生吸引到卡尔斯鲁厄. 在那里画法几何学和运动学被科学地阐释. 苏黎世的 *Culmann* 建立图解静力学时将现代几何学的原理以最轻松的方式进入到力学之中. 随着上面所说的科学的发展, 1870 年之后的几年中, 在德国一大批新的综合工科学校建立起来了, 而一些老学校也进行了改造. 特别地, 在慕尼黑和德累斯顿成立了培养训练教师和教授的特殊部门. 这样一来, 综合工科学校在数学教育与科学发展中发挥了重要的作用. 由于篇幅的关系, 我们不得不放弃这方面的许多有趣的问题的进一步探讨.

如果我们对上面描述的发展全面地进行观察, 就会得出明显的结论: 在德国和在其他地方一样, 人们对数学的热情在高速地增长, 结果是数学成果的急剧增长. 于是, *Ohrtmann* 和 *Müller* 在柏林 (1869 年) 创办了迫切需要的文献评论杂志年刊《数学进展》(*Die Fortschritte der Mathematik*), 它的第 21 卷刚刚面世.

在本文结束前, 我想对大学教育的现代发展说几句话. 我们是通过讨论班的教学安排和设备的改进来减轻学习数学的困难. 不仅要有讨论班特殊的图书室, 而且要把学习室建在旁边, 允许学生可以随时进入这些图书室. 数学模型的收集和绘图课程, 至少可以部分地解除对大学教学过分抽象的对立. 虽然学生们到处都可以找到吸引他们进行专门研究的东西, 但科学要繁荣就必须越来越强调各个不同分支之间的相互依赖. 在这方面, 个人是无能为力的, 必须有许多人为同一个目标进行合作. 近年来正是这种考虑导致了德国数学家协会 (*Deutsche Mathematiker-Vereinigung*) 创立. 第一个年度报告即将发出 (它包含着关于不变量理论发展的详细报告) 并且公布了数学模型和设备的综合目录, 这些做法为今后指明了方向. 由于现代的出版手段和新论文数量的不断增加, 我们几乎不可能综合地考察数学的不同分支. 因此, 协会的目的就是收集、系统化、保持通信联系, 以便使这门科学的工作和进展不会因为物质方面的困难而受到阻碍. 然而, 比在其他学科更重要的是, 数学学科的发展永远是每个数学家个人的权利和成就.

哥廷根, 1893 年 1 月

附录 II

《Erlangen 纲领》的起源[①②]

徐佩 译

在整个 19 世纪中, 几何学无论从广度和深度上都得到了飞速的发展. 这个发展的大背景是整个社会迅速从手工业作坊系统到大工业工厂系统的过渡. 工业革命突然导致了对有良好科学教育和专业知识的工程师的需求. 在这样的形势下, 画法几何便成为可以迅速掌握并直接满足工程师们需要的数学教育的中心课程. 科学化的画法几何的创始人是 G. Monge

①译自 Zur Entstehungsgeschichte des Erlanger Programms, Hans Wussig, Akademische Verlagsgesellschaft, Geerst & Portig K.-G., Leipzig, 1974.

②根据作者在民主德国数学年会的报告编写. 刊印在 “Mitteilungen der Mathematischen Gesellschaft”, Heft I (1968), 第 23–40 页.

(1746—1818). 他是在法国大革命的洪流中建立的巴黎综合工科学校的领头人物. Monge 称画法几何为“工程师的语言”，它占据了当时欧洲各综合工科学校 (当今的技术大学的前身) 课程的中心位置, 并且极大地影响了中学和一般大学的数学教育方向. 在这个意义上, 几何学, 特别是画法几何学, 对社会的高度使用价值成为 19 世纪几何学发展的温床. 但是我们这里所说的并不是从 19 世纪初迅速发展起来的几何学中某个单一的几何研究方向的简单延续, 而明显地是由几何学内在的自我认识而推动的取向朝着表面上看来不同方向的发展. 几何学的基本思维方式不再被习惯支配. 从内容和目的上由数千年的欧几里得传统支配的几何学一旦松动起来, 诸如坐标、长度、平行、距离等概念, 将单点作为整个几何的出发点, 将几何作为测量学的观念, 这些传统的东西就一定要能够而且必须被推广和批判性地使用. 到了 19 世纪中叶, 几何学至少四个新特征显露出来了.

第一是摈弃了几何与度量的绝对联系. 在 Monge, L. N. M. Carnot (1753—1823) 和 J. V. Poncelet (1788—1867) 那里, 几何图形的“射影”与“非射影”性质被明确地区分开来. 它们分别是在中心投影下总是保持不变或一般来说被破坏的那些性质. 诚然, Poncelet 和后来的 A. F. Möbius (1790—1868), J. Steiner (1796—1863) 等人在构造射影几何 (无论是解析的还是综合的形式) 仍采用了度量方面的考虑. 纯粹的射影构造是从 Chr. von Staudt (1798—1867) 那里才开始并最终由 Klein 于 1871 年完成的. 但是 1872 年的《Erlangen 纲领》才最终揭示了度量几何与射影几何真正的内在关系.

第二是射影几何的发展导致了传统的坐标概念的松动与扩展. 这里应提到 Möbius, O. Hesse (1811—1874), A. Cayley (1821—1895) 和 J. Plücker (1801—1868). 例如, Plücker 采用了线坐标与平面坐标, 从而放弃了把点作为整个几何学的初始元素的观念. 19 世纪人们广义地理解坐标的概念, 即在一个流形上的坐标系统是由一些独立参数组成, 它们可以具有各式各样的几何意义. 而这一点正是《Erlangen 纲领》必要的历史前提.

第三是开展关于空间维数概念的讨论. 高维空间是物理与数学的联系所需要的, 在物理中有必要考虑多于两个独立物理状态量. 另一方面, n 维几何的兴起是建立在大胆的抽象思维上的. Cayley 和 H. Grassmann (1809—1877) 扩大了独立坐标参数的个数: Grassmann 有意识地与 Leibniz 的想法联系起来, 而 Cayley 则直接受到 G. Boole (1815—1864) 的影响. Boole 是数理逻辑的主要奠基者之一, 他的抽象数学思想当时没被人们所理解, 现在却因此享有盛名. 他可以说是 19 世纪最为人误解的数学家.

第四是最终与传统观念相对立的空间概念的大体形成. 从认识论的角度来说, 客观存在的物理空间的研究必须与数学空间的研究分离. 与广为传播的康德 (Kant) 哲学相反, 必须强调, 构造各类几何学是一项数学任务, 无须与任何的客观存在的空间结构有任何的关系. 哪个几何从数学上讲最适用于一个客观空间只能由经验来决定. 由这样的基本上是唯物主义的观点出发, C. F. Gauss (1777—1855), N. I. Lobachevsky (1792—1856) J. Bolyai (1802—1860) 独立地发现了 (双曲) 非欧几何. 在此后的发展中, Riemann (1826—1866) 起了重要的作用. 在研究曲面的内在几何时他把弧长线元看作二次微分形式, 并明确地区分两种非欧几何. 这两种几何按照后来由 Klein 引进的术语被分别称为双曲几何与椭圆几何. 澄清这两种几何学过程的高潮是 Riemann 的大学授课资格讲演《几何学的基本假设》(Über die Hypothesen, welche der Geometrie zugrundeliegen) (1854), H. Helmholtz (1821—1894) 在 1866 年至 1870 年间发表的有关的著作报告, Klein 关于非欧几何的论文, 以及《Erlangen 纲领》本身.

总体上, 19 世纪上半叶对数学家来说是几何学飞速发展时期, 他们的封闭圈被逐渐打破. 世纪的中期数学家们对于各种 “几何” 与 “几何方法” 的相互关系有些不知所措. 随之而来的是努力通过对新成果有批判性的消化来认识几何学的本质. 法国人 M. Chasles (1793—1880) 是 19 世纪前半期举足轻重的几何学家之一. 他在 1837 年发表的工作《几何方法的起源与发展简史》(Aperçu historique sur l’origine et le développement des methodes en géométrie) 从历史的角度精辟地分析了当时几何学的状况. 他着眼于画法几何和射影几何的综合形式的发展, 在最新成就的基础上摈弃了几何学的传统概念, 即几何学是 “研究扩张度量的科学”. Chasles 强调, 对几何学本质的这种理解是不完全、不充分的. Chasles 指出, 取而代之的应该是: 除 “扩张度量” 外, 还应将 “扩张的顺序" 作为几何学的本质研究对象. 人们有必要 "用 (扩张) 度量和顺序这样的综合观念来取代简单 (扩张度量) 观念. 这样做对于赋予几何学这个词以真正的完整的意义是完全必要的. 几何学正在有意识地朝着综合各种研究方向的目的发展."① Chasles 的分析是旨在理解这些最新发展的本质的 (当然仍是模糊不清的) 尝试. 这一切都归结为要重新审视几何学研究的丰硕成果, 并将每一种几何合理地纳入几何方法的整体结构中.

试图将表面上看似不同的各种几何学综合起来, 归根到底正是 Klein 撰写《Erlangen 纲领》的最终动机. 他在 1921 年回忆道: "在波恩的时候②我的兴趣就已经转向在不同几何学派的争论中试图理解各种几何方向的相互关系, 它们表面上看似不同, 但从本质上是相关的. 我试图将它们纳入一个统一的结构中."③

19 世纪中期至 1872 年这段时间是思想超前但时间短暂的 "各种几何" 分类时期: 起初尝试地选择了一些已有的大致适用的新数学方法, 最终借助群论对几何学成功地进行分类.

在这方面的关键的第一步是 Möbius 关于 "几何相关性" 的研究. 在 20 年代当 Möbius 开始发表文章时, 由于 Poncelet

①M. Chasles, Aperçu historique ···, 1937, 第 288 页 (法文).

②是作为 J. Plücker 的学生和助理.

③F. Klein, Gesammelte mathematische Abhandlungen, 第 1 卷, R. Fricke 和 A. Ostrowski 编辑, Berlin, 1921, 第 52 页 (重印版: Berlin [West], Heidelberg, New York, 1973).

的原因, 他的兴趣指向从一个几何图形到另外一个几何图形的变换的研究. 这种几何图形通过变换建立的 “联系” 可以从各个方面进行研究, 当变换以解析形式出现时特别富有成效. 人们理解了圆相关和球相关、半径反演变换、仿射变换. 等等. 逐步地, 关于各种变换的逻辑关系的研究走向前台, 其任务是变换的分类. Möbius 在他 1827 年发表的著作《作为几何解析研究新方法的重心坐标运算》(Der Barycentrische Calcul, ein neues Hülfsmittel zur analytischen Behandlung der Geometrie) 已经朝这个方向作出努力. 在此书的前言中 Möbius 描述了他如何从当时 L. Euler (1707—1783) 研究过的仿射性 (Affinität) 走向几何相关性的研究, 如何 “澄清几何图形更多的类似关系, 由此写出了书的第二部分. 这部分讨论各种几何学的相互关系, 它在我们现在理解的意义下涵盖了整个几何学的基础. 这一部分也可以说是最困难的部分, 因为它在最一般框架下详尽地叙述几何学的理论.” ①

Möbius 在《作为几何的解析研究新方法的重心坐标运算》的前言中已经列举了下面的几何关系: 等同, 相似, 仿射, 共线, 并明确地表达了它们之间的关系. 他指出, 等同与共线没有本质的区别. 这个发现对应于《Erlangen 纲领》中的主群的性质. 仿射性是更一般的概念, 特别地它包含了相似与等同, 并对应于仿射群与同型群 (或主群) 的关系. 最后, 共线是更加一般的关系. 这里 Möbius 预示了仿射几何包含于射影几

① A. F. Möbius, Gesammelte Werke, 第 I 卷, Leipzig, 1885, 第 9 页.

何这一关系, 当然他没有使用群这个术语, 也根本没有明确运用群论的想法.[①] 这个前言中提到的计划在书的三部分的第二部分完成. 此后的几年里 Möbius 把他的研究方法推广到其他几何关系上. 这里我们就不再讨论详细的情况了. 但是应该指出, 年事已高的 Möbius 在 1858 年仍在研究一种比共线更一般的所谓 "初等相关" (Elementarverwandtschaften). 这些想法我们今天把它们归类为拓扑学的范畴.

当时的几何变换分类工作已经显示了群论的特征,[②] 代表了几何本身分类道路上的中间步骤, 由此最终导致几何学符合逻辑的统一与完整. 虽然 Möbius 的研究成果已经指出了几何学基本的发展方向, 但是人们后来才认识到他在几何学方面的终身成就. Möbius 当时仍然缺少形式化的工具, 特别是代数的工具, 因而无法完成呈现在他面前的几何学分类工作. 尤其是 Möbius 没有涉及 19 世纪中被详尽地研究了的代数不变量方法. 这个方法由 Boole, Cayley 和 J. J. Sylvester 进一步完善, 并被 Cayley 用来确定了仿射几何在整个几何学中的地位.

Cayley 是接着 Boole 之后于 1854 年开始研究不变量理论的. 从那时起他发表了十篇著名的《关于齐次式》(Memoirs upon Quantics) 的论文. (当时 Quantics 这个词的意思就是我

---

①参照 H. Wussig 的论文 A. F. Möbius, 收集在 Bedeutende Gelehrte in Leipzig, 第 II 卷, G. Harig 编辑, Leipzig, 1965, 第 1–12 页.

②参照 H. Wussig, Die Genesis des abstrakten Gruppenbergriffes, Berlin, 1969.

们现在的多元形式, 即 n 次 m 个变元的齐次多项式, 其系数取自一个环.) 不变量是齐次式的系数的多项式, 它在齐次式的(非奇异) 的线性变换下至多被乘上变换的行列式的一个幂次. Cayley 的基本想法是: 在几何变换下不变的几何图的性质一定会反映到图形的代数不变量上. 在 1859 年的第 6 篇关于齐次式的论文里, Cayley 用他的度量理论 (Massbestimmung) 澄清了射影几何与度量几何的关系. Cayley 写道: “从今以后度量几何是射影几何的一部分, 而射影几何是整个几何.” ①

然而这只解决了整个几何学及其方法中的一部分的分类问题. 特别地, 非欧几何的地位仍然没有确定. 为此我们需要更新的、决定性的代数工具, 尤其是群论的工具. 将群论的思想引入几何学正是《Erlangen 纲领》最终的、决定性的思想根源.

群论 1870 年左右已经是相对完善的数学分支, 但是除了一些暗示抽象群论的端倪外, 只限于置换群的研究. 这种发展状况的根源是代数方程理论. 我们可以追溯到 N. Tartaglia (1500?—1557), G. Cardano (1501—1576), L. Ferrari (1522—1567); 一般三次和四次代数方程的求解法归功于他们. 我们还应追溯到 Lagrange 和 Gauss, 后来的 P. Ruffini (1765—1822), N. H. Abel (1802—1829) 和他们的高于四次的一般代数方程的根式不可解理论. Lagrange 和 Gauss 的证明已经隐

①A. Cayley, The Collected Mathematical Papers, 第 2 卷, Cambridge, 1889, 第 592 页 (英文).

约地建立在群论的方法上, 在 Ruffini 和 Abel 那里更是如此. 例如, 用现代的语言来描述的话, Ruffini 找出了五阶对称群的所有的子群.

19 世纪 30 年代初天才的 E. Galois (1811—1832) 开始致力于代数方程的可解条件的深入研究. 他引进的 "群" 这一专门数学术语, 认识到了正规子群的决定性作用, 把每一方程与一个置换群联系起来, 并勾勒出以他的名字命名的理论; 根据这一理论, 我们可以从方程的 Galois 群的结构得出解的性质, 特别地可以得出方程的可解性.

Galois 理论的非同寻常的抽象程度, 格言般的形式, 以及整个理论的深奥使其被马上接受有着本质上的困难. J. Liouville (1809—1882) 在 1846 年发表的 Galois 的遗稿也没有马上引起直接的反响. 直到 19 世纪 50 年代 Galois 理论才逐渐扎根并被整理成严格的数学形式. 在这方面意大利的 E. Betti (1823—1892), J. A. Serret (1819—1885), C. Jordan (1838—1922) 起了带头作用. 1870 年 Jordan 在巴黎出版了关于 Galois 可解理论的系统性的巨著《置换与代数方程教程》(Traité des substitutions et des équations algébriques). 这部著作在详细讨论置换群的基础上处理了代数方程和其他类型的方程.

同样在 1870 年, Klein 和他学生时代的朋友 S. Lie (1842—1899) 在巴黎逗留. Klein 写道: "我们 (指 Klein 和 Lie —— 作者注) 住在相邻的房间里, 试图通过个人接触, 特别是通过与年轻的学院院士接触, 来寻找科学上的新动力. Camille Jordan 给我留下了深刻的印象. 他才出版了《Traité des substitutions et des équations algébriques》, 此书对我们来说就好像是七印之书. ”[①] [②] 这本书给 Klein 提供了《Erlangen 纲领》的决定性的代数工具.

起初摆在 Klein 眼前是一种不令人满意的状况, 即试图在不变量理论的基础上对不同的几何学进行分类. 正如他所说的那样, 早在 1869 年到 1870 年年初他已经在柏林就知道非欧几何与 “Cayley 的一般射影度量几何一定有着密切的关系.”[③] 1871 年新年到 1872 年年末重新回到哥廷根的这一段时间里, 通过和 Lie 的大量通信, 以及与 Clebsch 和 Stolz 的几乎每天的交流, Klein 迈出了关键性的一步. Stolz 读过 Lobachevsky, Bolyai 和 v. Staudt 著作的原文. Klein 的想法在这时逐渐成形. 自从和 Lie 在巴黎逗留后, Klein 知道了所寻求的 “几何学统一理论”, 也就是几何学的分类, 能够而且必须归结为群的分类. 这正像 Lie 所做的那样, 他通过《Traité des substitutions et des équations algébriques》及其与法国学派的接触中得到了对于他后来开创性工作来说具有决定性的动力. 在这一工作中, Lie 借助于连续群的理论研究接触变换与微分方程可解性理论.

从 1870 年 7 月至 1872 年 6 月发表的有关文章中人们可以清楚地看到, Klein 如何逐步地将群论作为几何学的分类

[①] F. Klein, 同上引书, 第 51 页.

[②] 七印之书是基督教用语, 意指看不懂的天书. —— 译者注

[③] F. Klein, 同上引书, 第 50 页.

原则.

1870 年 6 月与 Lie 共同发表的《关于某一族曲线与曲面的两个注记》(Deux notes sur une certaine famille de courbes et de surfaces)[①]中还没有用到群的概念. 在讨论不变量理论的主要问题的同时, 他们涉及了在线性变换下不变的曲线与曲面. 1871 年 3 月同样与 Lie 共同发表的论文的题目已经说明了问题:《关于在一个简单的无穷多可交换线性变换的封闭系统下不变的平面曲线》(Über diejenigen ebenen Kurven, welche durch ein geschlossenes System von einfach unendlich vielen vertauschbaren linearen Transformationen in sich übergehen).[②] "变换的封闭系统" 这一术语是有意识地与群论中的提法联系起来的. 两位作者说道:

"当用系统中任意的两个变换依序地作用, 就得到了一个与作用的顺序无关的新变换, 这个新变换自己是系统中的一个变换. 具有第一个性质时我们说这些变换可交换, 具有第二个性质时我们说这个变换系统封闭······." "封闭的变换系统" 这个术语完全对应于置换理论中说的 "置换群".[③] 1871 年 8

[①]Comptes rendus Paris, 70 (1870). 重印: F. Klein, 同上引书, 第 415–423 页.

[②]Mathematische Annalen, 4 (1871). 重印: F. Klein, 同上引书, 第 424–459 页.

[③]F. Klein, 同上引书, 第 430 页.

月 Klein 完成了第一篇关于非欧几何的文章①, 同年 10 月完成了关于线几何与度量几何的关系的论文, ② 1872 年 6 月他完成了第二篇关于非欧几何的文章. ③ 最后这篇文章 Klein 称之为《Erlangen 纲领》的 "第一版". 所有这些工作都提到变换群, 但它们还是只属于从不变量理论分类法到群论分类法的过渡时期. 基本问题仍然是以如下方式提出的:"给定一个流形与其上的一个变换群, 讨论与此群对应的不变量理论. "④

《Erlangen 纲领》的确切发表的日期是 1872 年 10 月, 其标题为 "对新近以来几何学研究的比较考察". Klein 首先概述了几何学的发展状况, 然后也许过分谦虚地如下阐明文章的目的: "在此我们不想开创新思想, 只是清晰并明确地界定许多人已经想过的问题. 看来有充分的理由发表这些综合的观察结果, 因为几何学是一个统一的学科, 但是近来的飞速发展使得它被分成了一系列相互独立发展的方向." ⑤

---

① "Über die sogenannte Nicht-Euklidische Geometrie (1. Aufsatz)", 日期是 1871 年 8 月 19 日. Mathematische Annalen 4 (1871). 重印: F. Klein, 同上引书, 第 254–305 页.

② "Über Liniengeometrie und metrische Geometrie", 日期是 1871 年 10 月, Mathematische Annalen 5(1872). 重印: F. Klein, 同上引书, 第 106–126 页.

③ "Über die sogenannte Nicht-Euklidische Geometrie (2. Aufsatz)", 日期是 1872 年 6 月 8 日. Mathematische Annalen 6(1873). 重印: F. Klein, 同上引书, 第 311–343 页.

④F. Klein, 同上引书, 第 464 页.

⑤F. Klein, 同上引书, 第 460–461 页. 本书第 30 页 [原书页码 —— 译者注].

在《Erlangen 纲领》的第一节定义了“群”, 并说明了“主群”的概念. 明确地区分“空间”与“流形”, 几何的“直观图像”与“抽象形式”. 流形的研究被当作“几何的推广”, “我们除去直观图像中从数学上来讲非本质的东西, 而只注意空间中经过多次扩张的流形. 类似于空间变换, 我们可以讨论流形的变换. 它们也构成一个群. 只是和空间不一样, 群不再由它的直观作用来区别: 每一个群都和另一个群同等重要. ”①

群的概念就像一个魔棒, 给几何学带来了和谐. 正如 Klein 所说的那样, 每一个“几何”都和一个群“相连”. 引进一般群来代替主群正是 19 世纪发展起来的各种几何方法的本质.

Klein 用下面这段话来同时解释研究方法与主要研究结果: “将主群换成一个更大的群后, 只有一部分几何性质被保留下来 ······. 至今所涉及的新几何方向以及它们与初等几何的关系都是建立在这个命题的基础上. 这些新几何只需要通过下面的方式来刻画: 不用主群, 而是用扩展了的空间变换群作为基础. 它们的相互关系由对应的群的定理来确定. 这个观点对于这里讨论的多次扩张的流形的处理方法也适用.”②

从《Erlangen 纲领》中我们知道, Klein 在其中没有讨论仿射群, 因此也就没有在主群与共线群之间进行讨论. Klein

①F. Klein, 同上引书, 第 463 页. 本书第 34 页 [原书页码 —— 译者注].

②F. Klein, 同上引书, 第 465–466 页. 本书第 37–39 页 [原书页码 —— 译者注].

后来 (1921 年) 把这一情况当作 “片面传统的结果”, ① 并且说当时他还没能充分地利用 Möbius 和 Grassmann 的工作的全部价值. 直至 1895—1896 年 Klein 才在他的数论讲演中讨论非齐次变量时把仿射群作为变量的整式线性代换的全体明确地提出来.

“仿射” 这个词是 Euler 在 1748 年创造的. Möbius 在 1827 年出版的《作为几何解析研究新方法的重心坐标运算》中重新起用. 在一位研究语文学的朋友的建议下, Möbius 引进的共线这个名词. 相比之下, 此后很久才形成 “等形群 (äquiforme Gruppe)” 与 “等形几何 (äquiforme Geometrie)” 的概念. 这些提法以及附带的同等变换群的区分只是在 K. Koehler (1855—1932) 和 L. Heffler (1862—1962) 于 1905 年出版的《解析几何教程》(Lehrbuch der analytischen Geometrie) 中才统一起来. “子群” (Untergruppe) 这一说法来自于 Lie, 它第一次出现于 Klein 为 1893 年再版的《Erlangen 纲领》所写的一个脚注中. ②

相对来说, 人们很快就意识到《Erlangen 纲领》的意义, 它在 19 世纪 70 年代就被译成意大利文、英文、俄文、波兰文和法文.

《Erlangen 纲领》所完成的几何分类对揭示由 Helmholtz 和 Riemann 所开创的用公理方式作为几何学假设的方法有效

---

①F. Klein, 同上引书, 第 320 页.

②F. Klein, 同上引文, 第 473 页. 本书 49 页 [原书页码 —— 译者注].

性作出了本质的贡献. Klein 本人没有加入这个方向的研究. 他甚至对 20 世纪初建立起来的以现代集合论为基础的公理系统数学持非常怀疑的态度. 但是由于《Erlangen 纲领》的出现, 他成为几何学严格化的原创者. 这个严格化的过程在德国始于 M. Pasch (1843—1930), 而 Hilbert (1862—1943) 是其首要代表. 这里顺便强调一下, 正是 Klein 聘请 Hilbert 到哥廷根来接替他本人的职位.

《Erlangen 纲领》以后的发展告诉我们, 有些几何学是不能纳入《Erlangen 纲领》的框架中的, Riemann 几何学就是其中之一. 从 É. Cartan (1869—1951), J. A. Schouten (*1883)① 和 O. Veblen (1880—1962) 在 20 世纪 20 年代的研究中得知, 我们应把各种 Klein 空间与其他空间区分开来: Klein 空间是由一个点集及其一个给定的变换群给定的. 这样的空间上的不变量理论称为 Klein 几何.

尽管如此,《Erlangen 纲领》代表了各种非常不同并且在当时分离的数学分支, 特别是几何学的分支, 在概念上的综合. 纲领中的几何用群论分类的思想是几何学发展史上具有真正历史意义的事件. 考虑到群的概念显示出的凝聚力, 它同时又是 19 世纪代数学中兴起的结构数学思想发展史上的重大历史事件.

《Erlangen 纲领》的意义也延伸到几何学之外: Felix Klein 在撰写《Erlangen 纲领》的同时用新观点总结了数学

①J. A. Schouten (1883—1971). —— 译者注

内部的各种发展倾向.[①]《Erlangen 纲领》代表这一发展的终结, 同时又代表新发展的开端. 它是 19 世纪数学史上重要里程碑.

[①]参照 Визгин, В. П., К истории 《Эрлангенской программы》Ф. Клейна (俄文), 收录在 Историко-математические исследования, 第 XVIII 卷 (1973), 第 218–248 页.

附录 III
对新近以来几何学研究的比较考察

Felix Klein 著, 李培廉 译

为进入 Erlangen k. Friedrich-Alexanders 大学哲学系和教授评议会所作的报告提纲①

几何学领域在最近五十年来所取得的成就中, 射影几何

①[我在 1893 年把 Erlangen Programm 刊登在 Math. Annalen 的第 43 卷上, 同时附加了一系列的注释, 这些注释后来我多次引用而未加改变. 它们不同于原有的注释, 现在来把它们放到方括号中, 为的只是以便识别它们都是在 1893 年补加的. K.]

的建成占据着首位. 如果说, 在开始的时候, 所谓的度量关系, 由于它们在射影的作用下不是保持不变的, 还显得好像处理不了, 那么在新近的时期内, 人们也已经学会了从射影的观点来理解它们了, 从而现在射影的方法覆盖了整个几何学. 只不过度量性质已不再是作为空间实体 (räumlichen Dingen) 本身的性质出现, 而是作为这些实体对一个基本 – 形体 (Fundamental-Gebilde), 即无穷远处的球面圆① 的关系出现②.

如果把普通的 (初等的) 几何中的诸概念与这样逐渐积累起来的对空间实体的理解相比较, 那么就会引起人们想去寻求一个普遍原理的问题, 根据这个原理可以把这两种方法都建立起来. 考虑到除了初等几何学和射影几何学之外, 还有一系列其他的方法, 尽管发展得还不够, 人们也必须给以同样地独立存在的权利, 这个方法就显得如此更加重要了. 属于这一类的几何学有, 径向反演几何学 (Geometrie der reciproken Radien), 有理变换几何学 (Geometrie der rationalen Umformungen), 等等, 这些我们在下面都将提及并加以阐述.

如果我们接着就来着手建立这样一种原理, 我们真的并没有开创出什么真正新思维, 而只是把许多人或多或少地肯定思考过的东西以清晰而确切的方式归拢到一起. 可是由于几何学近年来取得了飞速的发展, 尽管就其主题而言是一致

①Kugelkreise, 亦译成虚圆. —— 中译者注

②见附注 I.

的, 已经被分割成一系列几乎相互隔绝的分支[①], 并且在相当大的程度上互不相关地继续成长着, 发表这样一种综观全局性的研究, 就显得更加有理由了. 但是同时我还面临着一种特别的期望, 要我讲述一下由 Lie 和我在最近的工作中所展开的方法和观点. 我们在这两方面的工作, 尽管所涉及的对象如此不同, 但是切入这里所讲的普遍见解[②] 这一点上却是一致的, 因而, 再次讨论这些工作并从它们按其内容和倾向来刻画相关的工作, 就是一件有必要的事了.

如果说, 我们至今还只谈到了几何学的研究, 那么这种研究就应理解为包括了任意延伸的[③] 流形在内, 这种任意维的流形是在舍弃了那些对纯粹数学研究来讲并非本质的空间图形[④] 之下, 从几何学中抽象出来的[⑤]. 在这种对流形的研究中所包含的流形的种类和在几何学中所包含的同样多, 而且还要和在几何学中一样, 要把彼此独立进行的研究中的种种共同点和不同点突出出来. 对抽象的研究来讲, 在下文中只需直接谈多维流形就足够了; 但是如果联系着我们较熟悉的空间概念来讲, 我们的论述就会变得更简单和更易懂. 当我们从几何实体的考察出发, 并把它们作为简单的例子来展开我们对

①见附注 II.

②allgemeine Auffassungsweise, 即指前面提到的要寻求的普遍原理. —— 中译者注

③beliebig ausgedehnte, 即任意维的, 以后有时将译成 “维”. —— 中译者注

④见附注 III.

⑤见附注 IV.

普遍思想的论述的时候, 我们就是沿着科学在它自己成长的过程中所走过的道路前进, 而把这作为我们讲述的基础通常也是最有利的.

在此预先展示一下下面要讲的内容根本不可能, 因为这些几乎不可能被纳入到一个更精简的形式① 中去; 各节的标题就已经会给出我们的思想的进展的一个概貌. 在结尾的地方我附加了一系列注释, 在其中我或是对一些看来有益于正文中一般阐述的特殊点作了进一步的展开论述, 或是我会尽量将适应于正文中所考察的内容的抽象的数学观点与其相近的观点划清界限.

§1. 空间变换群, 主群, 一个一般问题的提出

在下面的叙述中所需要的一个最重要的概念, 就是空间变换群的概念.

任意多个空间变换② 组合起来给出的总又是一个空间变换. 如果给定的一系列变换具有这样的性质, 使得由属于它的变换所组合而成的每一个变换又属于它自己, 那么这个变换

①这种对下面要给出的表述的精简形式, 正如我所担心的, 会大大增加理解的难度. 但是要想解决这一点只有通过非常深入的讲述才能达到, 在其中要对我们在这里只是触及了的个别 – 理论 (Einzel-Theorien) 作详细的讲解.

②我们所设想的变换总是作用在全部空间形体上的, 因此我们就直接说空间的变换. 这种变换可以是, 引进其他种类的元素来代替点, 例如, 像对偶变换那样; 在正文中不会对这种情况加以区别.

系列称为变换群 (Transformationsgruppe)①.

全体位移* (每一位移都看成是对整个空间实行的一个操作) 构成变换群的一个例子. 比如说绕一点的转动位移② 就构成一个包含于其中的群. 一个群, 如果它反过来包含了运动群, 就可以用直射变换的全体来表示. 相反全体对偶变换不构成群 —— 因为两个对偶变换结合起来得出的又是一个直射变换 —— 不过如果人们把全体对偶变换和全体直射变换结合到一起, 则又会生成一个群③.

---

①这个概念和名称一样, 是从代换理论 (Substitutionstheorie) 中取来的, 只不过是在那里, 一个连续区域的变换由一有限个离散量的重排 (Vertauschung) 所代替. [这个定义还可以加以完善. 就是说在正文中所讲的群默认了, 对它所可能包含的每一个运算, 也必包含了它的逆运算; 但是正如大约是 Lie 首先提出的, 在运算数目为无限时, 这绝不是这种群概念的推论; 因此在正文中所给群的概念的定义中要明确假设加进了这一点. (1893)]

* 这里原文为 Bewegungen, 原意是各种各样的运动. 运动是位移随时间的改变, 由于有运动的叠加原理, 全体位移构成群, 全体运动也构成群, 有时这二者都叫做 “运动群”. 但这二者不仅在概念上是不同的, 而且在性质上也有差异. 例如绕一点的转动运动群和绕一点的转动位移群性质上就不一样. 由于有限转动位移的结合顺序是不可交换的, 所以后者是非 Abel 群. 还有要注意, 某一个运动中不同时刻的位移全体并不构成群. —— 中译者注.

②Camille Jordan 构建了包含在运动群中的所有的群: Sur les groupes de mouvements (论运动群). Annali di Matematica, 第二卷.

③此外一个群的变换, 正如在正文中将讲到的群虽然常常是这样, 根本用不着以连续并排的方式存在. 例如, 一系列有限个能使一个规则的物体自我覆盖的位移就构成一个群, 又如将一条正弦曲线作一系列无限多次, 但是离散的无限多次的叠加也构成一个群.

存在这样的空间变换, 它们根本不会改变空间形体的几何性质. 几何性质, 按照这个概念的本意, 是应该与所研究的形体在空间所取的位置, 它的绝对大小, 最后, 还应与它的各个部分的排序的指向 (Sinn) 均无关[①]. 因此一空间形体的性质历经所有的空间移动, 它们的相似变换, 镜像过程, 以及所有由这些变换结合而成的变换的作用, 均不会改变. 我们把所有这些变换的总体称之为空间变换的*主群* (Hauptgruppe)[②]; *几何性质在主群的变换之下将保持不变*. 反过来人们也可以说: *几何性质由它们对主群变换的不变性来表征*. 显然如果我们把空间看成在瞬间是不能动的, 诸如此类, 看成是一个刚性的流形, 那么每一个图形就都有各自身独立的意义; 在它的诸多性质中, 只有那些在主群下保持不变的真正的几何性质才是它作为独特个体存在的依据. 这个在此表述得还不够确切的思想在进一步的论述中将显得越来越清楚.

如果我们现在把在数学上意义不重要的图像甩掉, 那么我们在空间中看到的就仅仅是一个多重延伸的[③] 流形, 因此当我们坚守以我们习惯了的点的概念作空间元素时, 我们看到的就是一个三重延伸的流形. 我们也可以与空间变换类似

---

①这里所谓的指向我是指排序的情况, 一图形区别于其对称图形 (其镜像形体) 就是以此为基础的. 因此, 例如, 一条右螺旋线与一条左螺旋线就是根据它们的指向来区分的.

②这些变换构成群这一点在概念上是必然的.

③mehrfach ausgedehnte —— 用现在的术语就是 “多维的”. —— 中译者注

地来谈流形的变换; 它们也构成群. 只不过这个群已不再是以其意义突出于其他群之上的一个群了; 每一个群与任意其他的群都是平等的. 于是, 作为对几何的推广就有了下面这个概括性的问题:

给了一个流形以及在其中的一个变换群; 要求人们来研究有关属于这个流形的几何形体的那样一些性质, 它们在这个群的变换下保持不变.

根据现代的表达方式, 自然人们在这里习惯于只对一个确定群, 所有线性变换的群来采用这种表述, 人们可以这样说:

*给了一个流形以及在其中的一个变换群. 要求建立相对于这个群的不变量理论*①.

这就是那个一般性的问题, 它不仅包括了普通的几何, 而且还特别地包括了在此讲到的新近的几何方法和对任意延伸的流形的各种处理方式. 要特别强调的是, 在有关伴随变换群的选择上还存在任意性, 以及所有满足一般要求的研究方式拥有由此而来的、在这个意义上是相同的权利.

---

①[这个术语在此及在以下都绝不会直接让我们想起有关任意给定形式的常常是整有理的不变量以及在它们之间存在的整有理的合系 (Syzygien) 的问题. 这个问题, 根据我和 Clebsch (他先在 1871 年出版了他的二元形式的理论) 间的交流我当然是完全熟悉的. 尽管如此我感到和它绝没有什么关系. 我把一个群的不变量理论直接理解为对任一给定的形体在群的作用下保持不变的关系的学说. 人们也可比较我在本文集的第 18 章论非欧几何的第二篇论文的 §5 中所作的明确的说明. 整个平面三角学和球面三角学就是属于初等几何的不变量理论的例子, 这肯定还没有穷尽所说的模式. K.]

§2. 一个接着包含着另一个的一组变换群是依次伴随的. 几何学研究的各种类型及其相互关系

因为空间实体的几何性质经受所有的主群变换之后保持不变, 所以要问有哪些性质只对这种变换的一部分保持不变的问题就是毫无意义的. 如果我们要探讨空间形体与设想为固定的元素之间的关系, 那么这样的提问相反倒是有意义的, 尽管也还只是形式的. 例如, 像在球面三角学中那样, 我们在挑出了一个确定的点的条件下来考察空间实体. 这样一来首先就要求: 我们要求出的在相伴随的主群下的不变性质就不再是空间实体本身的性质, 而是它们与给定点共同构成的系统的性质. 但是这个要求我们可以用另一种形式给出: 要求人们来研究有关空间形体的这样一些性质, 它们在主群中的维持该点固定不动的那一部分变换下保持不变. 换言之: 或者我们在空间形体上加上所给的这个点, 在主群的意义下来研究它, 或者用主群中保持该点不变的那部分 (子) 群代替主群来研究它, 这二者是一样的.

这个就是在下面要经常用到的原理, 因此我们打算在此对它作一般的表述; 比方说以下述形式:

设已给一流形, 为了对它进行处理, 再给出一个有关于它的变换群. 我们提出这样的问题, 相关于一给定的形体来研究包含在这个流形之内的几何形体. 于是人们可以, 或者把这个给定的形体加入到该形体系中去, 然后在所给定的群的意义下来叩问这个扩大后的系统的性质 —— 或者, 也可以不去扩大这个形体系统, 而是把作为处理基础的变换限制到包含在给定群中的、不改变给定形体的那些变换 (而且它们必定又构成一个群).

有别于我们在本节开始所提出的问题, 我们现在来研究其逆问题, 这个问题从一开始就很好理解. 我们要寻求的是空间实体的这样一些性质, 它们在一个包含了主群作为其一部分的变换群的作用下保持不变. 我们在这样一种研究下所寻找到的每一种性质都是实体本身的性质 (Eigenschaft des Ding's an sich), 但是反过来则不一定. 在这种相反的情况下其实我们前面讲到的原理正好能起作用, 在这里主群现在则是那个较小的群了. 这样我们有:

如果用一个包括主群在内的群来代替主群, 那么只留下一部分几何性质能保持不变. 其余的则不再表现为空间实体本身的性质, 而是表现为一个系统的性质, 这个系统是由原来的实体加入一个特选的形体而得出的. 这个特选的形体是 (一般来说只要它是确定的[①]) 这样来规定的, 在所给群的变换里

[①]例如人们可以这样来生成这种形体, 办法就是选一个任意的起始元素, 只要求所给群中没有一个变换能把它变到自身, 然后将主群作用到它上面去. [正文中的这个定理无疑是我的纲领所有思考的中心, 与此相应地许多新近的作者给它加上了 “伴随定理” 这个特殊名称. 但是这会在上一注释提示的意义下常常被误解. 当人们脑子里只想到有理整不变量或合系 (Syzygien) 的时候, 人们说这个定理纯粹是猜测, 或者也会构造出一些未经检验的情形, 以错误的方式来解释, 就看不出它

面能使它保持它固定不动的只能是那些也是主群中的变换.

这里要讲到的几何学的新方向以及它与初等方法之间的

是真的. 人们在这个定理中所寻求的大大超过它所意味的. 我的意思准确地说就是 Cayley 1859 年在第六次代数形式会议文集 (Phil. Trans. 1859, 论文集, 第 II 卷, 560 页 —— 特别是结束语 592 页) 上对射影几何以及初等度量几何的特殊情形所阐述过的, 此外 Laguerre 也已于 1853 年将在上述文集的 242–243 页上发表过这一定理的一个更为特殊的形式. Cayley 在他的论文的结尾铭刻印下了这样一句话: "Metrical geometry is a part of descriptive geometry and descriptive geometry is all geometry and reciprocally (度量几何是画法几何的一部分, 而画法几何就是全部几何, 反之亦然)". 我要在这里用我自己的方式来表述它, 这种表述以其平铺直叙的方式能排除任何误解: 只要人们接受在直接选取的坐标中对球圆的表述, 初等几何的每一个结论就都可以通过四面体坐标间的关系来描述.

也许最好再补上下面的话: 球面圆与一任意的不可分解的圆锥曲线成射影关系, 从而可以这样来选择坐标系, 使得它的平面能够通过令一行列式不为零的三元二次形式等于零来描述. 现在我们可以比如, 作为例子, 取位于无穷远平面中的带尖点的 C_3 来代替它 (它是一 W-曲线, 即在一带有一个参数的直射的连续群下保持不变的曲线). 无穷远平面上的所有点在 G_4 下保持不变, 它由下式给出:

$$x' = \lambda x + a, \quad y' = \lambda y + b, \quad z' = \lambda z + c.$$

现在如果我们把 C_3 只作为一个整体保持不变, 那么我们就会有一个由直射组成的 G_5, 并能设想设计一个属于它的几何. 如果人们随后将此几何纳入一般的射影几何, 那么人们自然不会与一个位于无穷远平面中的任一 C_3 相伴随 (好像它是通过令一般的三元三次形式为零来给出的). 相反人们应该立即这样专门来引进所说的形式, 使得令它等于零同样表示一条带尖点的 C_3. 但是最后这个条件也能满足, 因为所有带尖点的 C_3 互相都是射影类似的. 而且在所有人们能想象到的进一步的情形也是这样类似的. K.]

关系就是以这个定理为基础的. 它们的特征就在于, 用一个扩大了的空间变换群来代替主群作为研究的基础. 它们之间的相互关系, 只要它们的群包括在内, 由一个相应的定理来确定. 对于我们在此将要考察的多维流形的各种处理方式这个定理也适用. 现在我们要在个别的方法上来证明这一点, 因为在这里那些在本节和前面几节中一般地建立起来的定理会在具体的对象上找到它们的说明.

§3. 射影几何

那种不直接属于主群的空间变换, 每一个都可以用来将已知形体的性质转移到新的形体上去. 我们把曲面投影到平面上, 从而将平面几何应用于曲面几何, 所作的就是这样; 所以早在一个真正的射影几何产生之前, 人们就已经通过将给定的图形投影到另一个图形上, 从而从后者的性质得出有关给定图形性质的结论来. 但是只有当人们已经习惯于将原来的图形认为与所有由它的投影所导出的图形在本质上是一致的, 并且由投影转移而得到的性质, 这样来说吧, 明显地与由投影相联系着的变换无关时, 射影几何才修成正果. 这样一来, 这种处理在 §1 的意义下就是以所有的射影变换的群为基础并且由此造成了射影几何与普通几何之间的对立.

对每一种空间变换都可以设想有一种类似于像我们在这里所讲的发展进程; 我们还会经常回到这上面来. 在射影几何的范围内, 这种发展进程向两方面进展. 一方面是通过在作为基础的变换的群中加入对偶变换而发生的观念上的进一步发展. 从今天观点来讲, 两个相互对偶着的对立的图形, 已经不再是被看成两个不同的, 而是被看成在本质上是同一个的图形. 另一个步骤就在于通过加入有关的虚变换来扩大作为基础的直射变换和对偶变换群. 这一步要求人们事先通过加入虚元素来扩大固有的空间元素 —— 完全相当于在作为基础的群中加入对偶变换就同时会导致引入点与平面[①] 作为空间元素一样. 只靠引入虚元素就可以达到将空间理论与那已是受人们看重的代数运算的领域准确地对接起来, 这里不是我们来表明引入虚元素能带来这种方便的地方. 相反要强调指出, 把虚数引入的理由在于代数运算的研究, 而并不在于射影变换和对偶变换群. 正如同在后者我们也可以只限于实的变换, 因为实的直射变换和对偶变换就已经构成群了 —— 当我们并不立足于射影的观点时也一样可以引入虚的空间元素, 而且只要我们原则上是研究代数形体, 就应该如此.

人们怎样从射影的观点来理解度量性质, 是按照上一节一般定理来确定的. 度量性质要看成对一个基本形体 —— 在无穷远的球面圆[②] —— 的投影关系, 这个基本形体具有这样的性质, 它只能在射影群的变换中那些也属于主群的变换下

①这里平面英译写成直线. —— 中译者注

②这一观点应该说是法兰西学派 (在其最早的文本中说的是 Chasles —— 中译者注) 的最漂亮的成果之一; 将性质划分为位置的性质和度量性质, 正如人们喜欢在射影几何的一开始就提出的这种划分, 只有通过它才获得了精确地含义.

才能保持不变. 对这个如此直白的定理还需要做一个重要的补充, 它相当于把普通的直观方式限制到实的空间元素 (和实的变换). 为了使这个观点合理合法, 我们还要把球面圆明显地加入到实空间元素系统内; 在初等几何意义下的性质在射影的观点下, 要么是这个实体本身的性质, 要么是对这个实的元素系统的关系, 或者是对球面圆的关系, 或者是这二者.

在这里我们还可以想起那种类型, 正如 v. Staudt 在他的位置几何 (Geometrie der Lage) 中建立的射影几何那种 —— 即那种类型的射影几何, 它只限于用所有的实射影–对偶变换的群作其基础群①.

大家都知道, 他是怎样从普通的直观材料中只提取出这样一些特征, 它们在射影变换下能保持不变. 如果我们还想由此进一步过渡到考察度量性质的话, 那么我们就要直接将后者作为对球面圆的关系引进来. 这个如此完善了的思路对于当下的考察而言具有重要的意义, 因为这使得我们有可能为每一种在尚待引入方法的意义下的几何学建造相应的结构.

§4. 通过映射产生的转移 (Uebertragung durch Abbildung)

在我们进入讲述那些与初等几何和射影几何比肩而立的

①v. Staudt 是在 "Beiträgen zur Geometrie der Lage (论位置几何学)" (1856) 中才第一次以扩充了的圆, 从而也包括了虚变换的群, 作为基础.

几何方法之前, 让我们来一般地申论一下那些在下面会总是出现的几个研究结果, 并且我们至今所提到的实体已经为它们提供了足够多的例子. 本节和下一节就是涉及这方面的论述.

设我们有一流形 A 要在以群 B 为基础下对它进行研究. 于是如果我们通过某一变换将它变成另一流形 A', 那么将 A 变到自身的变换群 B 此后就会变成一个将 A' 变到自身的变换群 B'. 这样一来, *由以 B 为基础来研究 A 的处理方式就会得出一个以 B' 为基础来研究 A' 的处理方式*, 也就是说, 包含在 A 中的形体所具有的每一个相对于群 B 的性质, 会给出包含在 A' 相应的形体一个相对于群 B' 的性质, 这是一个不言而喻的原理.

例如, 设 A 为一条直线, B 为将 A 变到自身的三重无限多的线性变换. 于是对 A 的处理方式正就是那在新代数学中称之为二次型的理论. 现在人们可以通过在平面上的一个点出发的投影将这条直线与该平面上的一条圆锥曲线 A' 对应起来. 于是容易证明, 由直线到自身的线性变换就可与圆锥曲线到自身的线性变换, 即圆锥曲线的那种变换, 它们随同该平面的线性变换一起将圆锥曲线变到自身的, 联系起来.

但是现在根据 §2 的原理[①] 有: 或者人们把圆锥曲线本身看出是固定的, 仅在那些能把这条圆锥曲线变到自身的平面的线性变换下来研究它, 或者也可以这样来研究圆锥曲线上的几何, 这就是人们研究平面的全部线性变换而让圆锥曲线

[①] 不过这个原理在此是在稍加扩展了的形式下被应用的.

随着一起改变, 这二者是一样的. 这样一来我们在圆锥曲线的点系上所了解到的性质, 在通常的意义下都是射影性质. 因此把后面这个思考和在前面得出的结果联系起来就有:

*二元形式理论和在圆锥曲线上的点系的射影几何是等价的, 也就是说, 每一个有关二元形式的定理都有关于这种点系的定理与之对应, 反之亦然*①.

另一个适宜于直观表述这种研究的例子如下: 设我们有一个二次曲面, 通过球极平面投影与一平面相联系, 则在此曲面上会出现一个基本点: 投影中心, 在平面上就有两个点: 通过投影中心的母线上的两交点的像. 我们可以立即证明: 在平面的线性变换中那些不改变这两个基本点的线性变换, 通过映射变成了把二次曲面变到自身的线性变换, 但是只是那种不改变投影点的那些. 这里所谓的把曲面变到自身的线性变换是指那种变换, 当人们实施线性的空间变换时, 这时曲面所经过的变换结果是把自己覆盖起来. 因而由此可知, 在以两个点为基础对平面做射影研究和在以一个点为基础对二次曲面做射影研究, 这二者是一致的. 可是在第一种情况下 —— 只要在研究中用了虚元素 —— 它不是别的, 只不过是在初等几何的意义下来研究平面. 因为平面变换的主群正好是由那些不改变点偶 (Punktepaar)(无穷远圆点 (Kreispunkte)) 的线性

①我们可以在平面上用一三阶空间曲线代替圆锥曲线也会得到相同的结果, 一般来说, 对 n 维的情形也照此办理.

变换所组成. 因而我们最后得:

平面的初等几何和一个二次曲面在取其一点作基本点之下的射影研究是一回事.

这样的例子可以随意成倍地增加[①]; 这里选讲这两个例子, 是因为我们在下面还有机会再回到它们上面来.

§5. 关于空间元素选择的任意性. Hesse 转移原理 (Uebertragungsprinzip). 线几何

作为直线, 平面, 空间, 以及一般来说作为待研究的流形的元素, 可以取流形中所包含的每一种形体: 点组, 或许是一条曲线, 一片曲面, 等等来取代点[②]. 因为事先根本就没有规定这种形体所依赖的参数的个数, 看来根据元素选择之不同, 直线, 平面, 空间等等会受到其维数为任意多的缠扰. *但是只要取作几何研究基础的是同一个变换群, 几何的内容就不会改变*, 就是说, 在空间元素的某种选择下所得出的定理, 在空间元素作任意其他的选择时也还是定理, 只不过是这些定理的排序和关联发生了改变.

因此重要的是变换群; 我们赋予一个流形的维数则显得

[①] 至于其他的可应用上述结论的例子, 以及特别是推广到高维的例子, 我推荐读者去参阅在我的一篇文章: 论线几何与度量几何 (Ueber Liniengeometrie und metrische Geometrie), Math. Annalen, 第 5 卷, 2, 中所作的有关论述, 还可参阅马上就会提到的 Lie 的著作.

[②] 见附注 III.

似乎是第二位的.

这一说明与上一节的原理结合起来就给出了一系列漂亮的应用, 其中几个要在这里展开来讲一下, 因为这些例子比那些冗长的解说更适于阐述一般研究的意义.

根据上一节, 直线上的射影几何 (二元形式的理论) 和圆锥曲线上的射影几何意义是一样的. 在后者上现在我们可以用点偶代替点来当作元素看待. 但是圆锥曲线上的点偶的集合可以映射到平面上的直线的集合上去, 办法就是令每一直线与该直线和圆锥曲线相交得出的点偶相对应. 在这一映射下, 将圆锥曲线变到自身的线性变换就变为 (看成是由直线组成的) 平面上的保持圆锥曲线不变的线性变换. 但是不管我们是研究由后面所讲的这种变换形成群, 还是以平面的线性变换集合为基础, 并对要研究的平面上的形体附加上圆锥曲线, 这二者根据 §2 是等价的. 把所有这些归纳到一起我们就得到:

二元形式的理论与以一条圆锥曲线为基础的之下的平面射影几何是等价的.

最后, 既然在以一条圆锥曲线为基础的平面的射影几何, 由于它的群与人们可以在平面上以一条圆锥曲线为基础建立的射影度量几何的群相同, 这二者是一致的①, 所有我们也可以这样说:

二元形式理论与平面上的一般射影度量几何是同一种

---

①见附注 V.

几何.

我们也可以在上面的研究中用空间中的三次曲线等等来代替平面上的圆锥曲线, 不过这一工作可能尚未完成. 这里所讲的平面几何之间的关系, 以及更进一步空间的或任意维流形的几何之间的关系, 基本上与 Hesse 所提出的转移原理 (Uebertragungsprincipe) (Borchardt's Journal, 第 66 卷) 是一致的.

空间射影几何学, 或者换个说法, 四元形式理论, 提供了一个完全类似的例子. 取直线作空间元素, 并且如同在线几何中做过的那样, 赋予它六个齐次坐标, 在它们之间有一个二次的条件方程, 所以空间的线性和对偶的变换显得好像是六个看成独立的变量的那种线性变换, 它们把条件方程变到自己. 正如我们在上面所论述的那样, 通过一连串类似的思考人们就由此得到了下面的定理:

四元形式的理论与在一个由六个齐次变量所生成的流形中的射影度量几何相一致.

要了解这一观点的详细阐述, 我建议大家去参阅最近发表在 Math. Annalen, 第 6 卷上的一篇论文: "Ueber die sogenannte Nicht-Euklidische Geometrie (论所谓非欧几何)", 以及在本文末尾处的一个附注①.

对上面所做的论述, 我还要补充两点说明, 其中第一点甚至已经隐含在已谈过的内容之中了, 但是还有申述的必要, 因

① 见附注 VI.

为它所涉及的对象太容易引起误解了.

如果我们引入任意的形体作为空间元素, 那么我们得到的就是任意多维数的空间. 但是我们之后如果立足于通常的(初等的或射影的) 空间观点 (Anschauungsweise), 那么 [相当于] 我们一开始就为多维流形给定了作为基础的群; 这正好就是主群或射影变换群. 如果我们要想用另一个群作基础, 那么我们就必须放弃通常的或射影的直观. 因此, 如果说适当地选择空间元素空间就可以表示任意多维数的流形这有多么正确, 那么也可以这么说, *在这一表示中, 或者是预先就有一个确定的群作为处理这个流形的基础, 或者是, 如果我们想指定群, 就要相应地扩展我们的几何观念, 这就有多么重要.* ——如果不注意到这一点, 例如, 就可能以下面的方式来寻求线几何的一种表示. 直线在线几何中含有六个坐标; 平面上的圆锥曲线也正好含有这些个系数. 因而线几何的图像就将是那样一个圆锥曲线系统的几何, 这个圆锥曲线系统是从全体圆锥曲线的集合中通过其系数之间满足一个二次方程而挑选出来的. 只要我们选由圆锥曲线系数的线性变换来代表的变换中不改变二次条件方程的那一部分变换的集合, 用它作为平面几何基础的群, 这样做就是正确的. 但是如果我们固持初等的或射影的观点, 那么我们就不会有任何图形.

第二点意见涉及下述推理过程. 设在空间中给定了某一群, 比如说主群. 则我们选出一单个的空间形体, 比如一个点, 一条直线, 或一个椭圆体也可, 再将主群中的所有变换应用于其上. 于是人们就得到了一个多重无穷的流形, 其维数一般来说等于在群中所包含的任意参数的个数, 如果就是这些原来选定的形体具有能在群中的无穷多个变换下变到自身的性质的这种特殊情形下, 维数就会下降. 每一个这样生成的流形称之为关于生成群的体 (Körper)[①]. 如果我们现在想在群的意义下来研究空间并就此指定确定的形体作空间元素, 而且我们又不想使那些具有相同特征的东西得到不同的表述, 那么显而易见我们必须这样来选空间元素, 使得其流形要么本身就构成一个体, 要么可以分解为体[②]. 稍后 (§9) 我们将给出这个明显的说明一个应用. 体的概念本身还将在末尾一节联系着相关的概念再一次进行讨论.

§6. 径向反演几何学. 关于 $x+iy$ 的解释

我们在本节中回过来谈在几何学研究中的各种不同的方向, 在 §2, §3 中我们已开始讲到过它们.

[①]我是根据 Dedekind 的一个先例来选用这个名称的, 在数论中, 一个数域 (Zahlengebiet), 如果是由给定的元素通过给定的运算生成的, 就叫做体 (Dirichlet 的数论讲义第二版).

[②][在正文中没有充分注意到, 前面提到的群可能含有所谓的例外子群 (ausgezeichnete Untergruppe —— 英译为 self-conjugate subgroup (自共轭子群)). 如果一几何形体在一例外子群的操作下不变, 那么通过整个群的操作所生成的所有形体, 即由它所得出的体, 也同样会这样. 具有这种性质的体完全不适于表示这个群的操作因而在正文中只讲了那种体, 它是由那样一些空间元素生成的, 先前给定的群中没有哪个例外子群能使它们保持不变. (1893)]

作为射影几何研究方法的一个对比, 人们可以从多种角度来考察一类几何思想, 其中有一种是接二连三地应用径向反演变换的方式. 对所谓的四次圆纹曲面 (Cycliden) 及自反曲面的研究, 正交系的一般理论, 进一步还有对势的研究等等就是属于这一类. 如果说包含在这些研究中的内容尚未综合成像射影几何那样的一种特殊的几何, 一种以由主群与径向反演变换相结合而成的全体变换的群作为研究的基础的几何, 那么这完全是归因于上述理论在其后并未得到系统的表述这一偶然的情况; 有个别在这个方向工作的作者已经离这种方法上的观点不太远了.

只要一提到比较的问题, 自然就会有这个径向反演几何与射影几何之间的对比, 因而一般来说完全只需指出以下几点:

在射影几何中, 点、直线和平面是基本概念, 圆和球只不过是圆锥曲线和二次曲面的特殊情形. 初等几何中的无穷远表现为平面; 与初等几何相关联的基本形体是在无穷远处的一个虚圆锥曲线.

在径向反演几何中, 点、圆和球是基本概念, 而直线和平面是上述概念的特殊情形, 其特征是, 它们包含了那个无穷远点, 这个点从方法上来讲绝不是比别的点更突出些, 只要人们设想这个点固定, 就得到了初等几何.

径向反演几何还可以这样来包装, 使得它好像是二元形式理论和线几何的一个分支. 为达到这个目的. 我们首先限于讨论平面几何, 因而也就是限于讨论平面上的径向反演几何[1].

我们已思考过平面初等几何与那配备有一特殊点的二次曲面的射影几何之间的关系 (§4). 如果人们忽略这个特殊点, 因而也就是来考察曲面本身的射影几何, 则我们就会得到平面上的径向反演几何的一个表示. 因为人们容易确证[2], 平面的径向反演变换群, 借助于二次曲面的映射, 相应于所有将后者变到自身的线性变换的集合. 于是人们有:

平面的径向反演几何与二次曲面上的射影几何是一样的.

而且完全对应地有:

空间径向反演几何与对一个由五个齐次变量间的一个五次方程所描绘的流形的射影处理, 是等价的.

于是通过径向反演几何将空间几何与一四维流形相联系, 完全与通过线几何将它与五维流形相联系是一样的.

只要人们只注重实变换, 平面上的径向反演几何或许可从另一方面给我们提供一个有趣的表现形式和用途. 这就是, 如果人们以通常的方式把复变量 $x + iy$ 展布在平面上, 那么

---

[1] 直线上的径向反演几何与直线的射影研究是等价的, 因为二者的变换是一样的. 因此人们也可以在径向反演几何中谈一条直线上的, 进而谈到圆上的, 四个点的交比.

[2] 见已经提到过的论文: Ueber Liniengeometrie und metrische Geometrie (论线几何与度量几何), Math. Annalen, 第 5 卷 [见本文集论文 VIII].

它们的线性变换就对应于上述限制到实变量的径向反演群[①]. 但是, 设想能经过任意线性变换的一个复变量, 它的函数的研究, 不是别的, 只不过是那表述方式稍加改变了的二元形式理论. 因而有:

二元形式理论可以通过实平面上的径向反演几何来表示, 而且与变量的复值表示也完全一样.

为了在通常的概念范围内得到射影变换我们可以从平面上升到二次曲面. 由于我们只考察平面的实元素, 人们如何选择曲面就不再是无所谓了; 显然不能选它为直纹面. 特别地我们可以把这曲面 —— 正如为了解释复变量也特别是这样做的 —— 设想为球面, 并由此得到下述定理:

复变量二元形式的理论可以用实球面的射影几何学来表示.

我还实在是禁不住想用一个附注[②] 来阐述, 用这个图像来解释二元三次形式和双二次形式的理论有多么漂亮.

[①][正文中的表述不够准确. 与线性变换 $z' = \dfrac{\alpha z+\beta}{\gamma z+\delta}$(其中 $z' = x'+iy', z = x+iy$) 相对应的只是径向反演群中的, 不会将角度翻转的那一部分操作 (在其作用之下, 平面上的两个虚圆点 (Kreispunte) 不会互换). 如果人们还想把整个的径向反演群包括进来, 那么人们就还要上述变换再加上另一种 (其重要性绝不亚于前者的) 变换: $z' = \dfrac{\alpha\bar{z}+\beta}{\gamma\bar{z}+\gamma}$, 其中 z' 仍 $= x'+iy'$, 但 $\bar{z} = x+iy$. (1893)]

[②]见附注 VII.

§7. 前述内容的推广. Lie 球几何

二元形式的理论, 径向反演几何以及线几何, 它们如前所述是一致的, 区别仅在于变量的数目不同, 它们都与某种推广相联系, 这些我们现在就要来谈一谈. 这种推广曾经一度有助于用新的例子诠释这样的思想, 即确定对给定领域的处理方式的群可以任意扩大; 但是这之后, 阐述 Lie 在最近的一篇论文[①] 中所做的研究与我们在此所提出的思想之间的关系也是我们特别的目的. 我们通向 Lie 的球几何之路在一定程度上有别于 Lie 所采用的, 因为 Lie 是联系到线几何的概念来做的, 而我们, 为了更紧密地与通常的几何直观相衔接并与前面所讲的保持着联系, 在相关叙述中假设了较少的变量数目. 正如 Lie 本人已经指出 (Göttinger Nachrichten, 1871, N.7, 22), 他所做的研究与变量的数目无关. 它们属于一个大的研究范围, 从事于任意多个变量之间的二次方程的研究, 这是我们已经屡次接触过的研究, 而且我们还会一再遇到 (见 §10 及其他).

我从通过球极投影所建立的实平面与球面之间的联系来着手. 在 §5 中我们已经通过将直线与这条直线与圆锥曲线所交出的点偶相对应的办法建立了平面的几何与一圆锥曲线上的几何之间的联系. 相应地我们也能建立空间几何与圆锥上的几何之间的联系, 办法也是令空间中的每一平面与该平面

[①]Partielle Differentialgleichungen und Complexe (偏微分方程与线丛), Math. Annalen, 第 5 卷.

交圆锥所得到的圆相对应. 然后通过球极投影将球上的几何从球上转移到平面上去, 这时每一个圆都转换成圆, 因而下述两种几何相互对应.

以平面为元素, 采用那些把球变到自身的线性变换群作为基础群的空间几何.

以圆为元素, 以径向反演群为基础群的平面几何.

现在我们要将第一种几何向两方面进行推广, 办法就是将原来的群代之以一个包容它的群. 于是推广的结果通过映射就直接变换成平面几何.

代替在由平面组成的空间中那些把球变到自身的线性变换, 显然易知有两种选择, 或是选空间的全体线性变换, 或是选空间中的全体平面变换, 它们 [在一种尚待给出的意义下] 保持球不变, 就是说, 在前一种情形下将球忽略不论, 而在另一种情形下, 则对所采用的变换的线性特性无需置论. 第一种推广是直接就好理解的, 因此我们可以首先来讨论它, 并探讨它对平面几何的意义; 第二种推广我们将在以后回过来谈, 这时首先要解决的是, 确定这种类型的最一般的变换.

空间的线性变换具有一个共同的性质, 即把平面束与平面把仍变成平面束与平面把. 但是在球上变换把平面束变成圆束, 即变成一单重无穷系列的、具有公共交点的圆; 平面把变成圆把, 即变成一双重无穷系列的圆族, 这些圆都与一固定的圆正交 (这个固定的圆所在的平面是那与所给把中平面有公共点的极平面). 因而在球面上以及进而在平面上对应于空间的线性变换的就是具有如下性质的圆变换, 它们把圆束与圆把变成仍是圆束与圆把[①]. 采用这样得到的变换群做基础群的平面几何就是普通的射影空间几何的一个表示. 在这种几何中不能用点作平面的元素, 因为点对所选的变换群来说不能构成一个体 (§5), 而是要选圆作为元素.

对于所说的第二个推广, 首先有必要解决相应的变换群的问题. 为此要寻求这样一种平面变换, 它们把 [其轴与球面相切的平面束仍变成这样的平面束][②]. 为了简明起见我们首先把问题返回到它的对偶形式, 在这之后再向减低维数的方向走一步; 我们要问, 怎样的点变换能从一给定的圆锥曲线上的每一条切线仍得出一条切线. 为达此目的我们来把平面连同其上的圆锥曲线看成是一个二次曲面的映像, 造成这个映像的映射是这样的, 从不在二次曲面上一个空间点出发这样来向平面投影, 使得所述圆锥曲线成为边界曲线. 曲面的母线对应于圆锥曲线的切线, 而且这时上述问题就归结为另一个寻求把母线变成母线、将曲面变到自身的点变换的问题.

可是这种变换甚至有任意无穷多个[③]: 因为人们只需要把曲面上的点看成是两组母线的交点并将每一直线组变换到自身就可以了. 但是在这些变换中特别有线性变换. 我们要研

[①]在 Grassmann 的延量学中恰好也研究了这些变换 (在 1862 年的第二版的 278 页上).

[②]在方括号内的一句在 1872 年的原文中为 “顶点位于球面上的平面把仍变成这样的平面把”. —— 中译者注

[③]这里英译本写成: 其个数为 ∞^n, 这里 n 可以为任意数. —— 中译者注

究的也就只是它们. 因为如果我们要研究的不是曲面, 而是一由二次方程表示的多维流形, 则这时只有线性变换, 其他的都不复存在了①.

这些将平面变到自身的线性变换, 通过 (非球极平面的) 投影转换到平面上之后会给出双值的点变换, 在这种变换下, 从构成边界曲线的圆锥曲线上的每一条切线得出的的确仍是一条切线, 但是从每一条其他的直线得出来的, 一般来说就是与边界曲线两重相切的圆锥曲线. 如果在构成边界曲线的圆锥曲线上建立一个射影度量, 就可以方便地来刻画这种变换. 这样一来就可以说这些变换具有如下的性质, 它们把那些在这个度量的意义下相距等于零的点, 还有那些与另一个给定的点相距为一个常数的点, 都变成仍具有这种性质的点.

所有这些研究都可以引申到任意多个变量的情形中去, 因而特别地还可应用于原来提出的有关以球和平面作元素的问题上去. 人们从而可以给所得结果以特别直观的形式, 因为两个平面, 在于球面上所建立的射影度量意义下所形成的夹角, 等于它们与球面所交出的圆在通常意义下所形成的交角.

这样我们就得到了在球上的, 并进而在平面上的一个圆变换群, 它具有如下的性质: 它把那些互相相切 (即相交角等于零) 的圆变成仍然是这样一些互相相切的圆, 把那些与另一

① 如果对流形作球极平面投影, 则就会得到一个众所周知的定理: (已是在空间中的) 一多维区域中, 除了存在于径向反演群中的变换外, 不会有保形点变换存在. 相反在平面中则有任意多其他种的变换. 还可以参阅已引用过的 Lie 的著作.

个圆交角都相等的圆也都变成具有这样性质的一些圆. 在球面上的相关线性变换, 在平面上的径向反演群的变换, 都包含在上述变换的群中①.

以这个群为基础的圆几何, 类似于 Lie 对空间所建立的球几何, 而且也和它一样在研究曲面曲率时有特别的意义. 正如径向反演几何在某种意义下包含了初等几何一样, 圆几何

①[在正文中所作的考察可以通过补上少量解析的式子来讲得清楚得多. 设与我们的平面球极射影相关的球面的方程在普通的四面体坐标系中为:

$$x_1^2 + x_2^2 + x_3^2 + x_4^2 = 0;$$

这样一来满足这个条件方程的 x 就具有平面上的四圆 (tetrazyklischer) 坐标的意义, 平面中的一般圆方程就将为:

$$u_1x_1 + u_2x_2 + u_3x_3 + u_4x_4 = 0.$$

如果人们来计算这个圆的半径, 那么人们就会由此得到下述根式

$$\sqrt{u_1^2 + u_2^2 + u_3^2 + u_4^2},$$

我们可以把它记为 iu_5. 现在我们又可以把圆看成是平面的元素. 于是径向反演群就可以用 u_1, u_2, u_3, u_4 的齐次线性变换的全体来表示, 这种变换保持

$$u_1^2 + u_2^2 + u_3^2 + u_4^2$$

以其多重数变到自身. 但是那个相当于 Lie 的球几何的, 扩张圆几何的扩张群由那些五个变量 u_1, u_2, u_3, u_4, u_5 的那样一些齐次线性变换组成, 它们把

$$u^2 + u_2^2 + u_3^2 + u_4^2 + u_5^2$$

以其多重数变到自身. (1893)]

也在这个意义下包含了径向反演几何. ——

这个刚才得到的圆 – (球 –) 变换有一个特别的性质, 它把相切的圆 (球) 变成正好也是相切的圆 (球). 如果把所有的曲线 (曲面) 都看成是圆 (球) 的包络形体, 那么因此就有, 相切的曲线 (曲面) 必定变成又是这种相切的曲线 (曲面). 因而这里提到的变换属于我们在稍后要作一般考察的切触变换这一类, 在这类变换下点形体的相切是一种不变关系. 本节开始提到 Grassmann 的圆变换, 还有类似的球变换也可与它们并列在一起, 都不是切触变换. ——

如果说上述两类推广只涉及径向反演几何, 那么这些也以相应的方式适用于线几何, 而且正如我们已经指出过的, 一般来说也适用于对通过一个二次方程挑出的流形作射影研究, 不过我们不打算在此作进一步的讲述了.

§8. 以点变换群为基础的其他方法的枚举

仅就不计与交换空间元素相联系到的对偶变换来说, 初等几何, 径向反演几何以及射影几何, 都可以划归为一个可以想象得到的研究方式的集合中的个别项, 总之, 它们都是以点变换群为基础的. 我们打算在此只提出以下三种, 它们与刚才所讲到的研究方式都是一致的. 虽说这些方法也还远未在整体上像射影几何那样发展成为一门独立的学科, 它们还是以其鲜明的形象出现在新近的研究中[①].

1. 有理变换群

谈到有理变换, 我们必须很好地来区分, 这种变换是对我们运算的区域中的所有点, 因而也就是对空间或平面等等, “为有理的”, 还是只对区域中所含的一个流形, 即一个曲面, 一条曲线来讲是有理的. 如果我们要在至今所述的意义下来设计空间的或平面的一种几何, 我们就要应用第一种; 如果要研究在一给定的曲面、曲线上的几何, 从在这里所述的观点出发, 后一种才有意义. 在马上要讲到的位置分析 (Analysis situs)[②] 中也要区分这两种情况.

然而迄今为止所作的研究, 不论在何处, 主要都是涉及第二类变换. 只要对曲面和曲线的几何所研究的问题, 不是涉及去寻求判断两曲面、曲线能否相互转换的判据, 这些研究就不

---

①[直到现在为止所处理过的例子都是和参数个数为有限的群打交道, 而从现在起在正文中要谈所谓的无限群了. (1893)] [但是为了避免误解起见我们要指出, 在 Lie 的后来的研究中, 无限群的含义要窄得多, 也就是限于这样一些群, 它们允许通过微分方程来定义. K.]

②这是拓扑学的早期名称. —— 中译者注

在我们这里要研究的范围之内[①]. 本文提出的一般方案肯定不能包含全部数学研究, 而只不过是把某些方向概括到一个统一的观点之下.

以第一类变换为基础的有理变换几何学, 到现在才刚刚起步. 在第一级的区域内, 即在直线上, 有理变换恒等于线性变换, 因而没有提供什么新东西. 在平面内人们当然知道全体有理变换 (Cremona 变换), 并指出它们可以通过二次变换组合生成. 人们还知道平面曲线的不变特征: 它们的亏格, 模数的存在; 但是这些研究还没有真正发展成我们这里所意味的平面几何. 人们至今对有理变换还知之甚少, 而且就用这些不多的知识通过映射来把已知曲面与未知曲面联系起来. ——

---

①[从另一方面来讲它又最好是适于正文中的考察, 这在 1872 年我还不知道. 设预先给定某一代数形体 (曲线或曲面, ……), 我们来把它转移到一高维空间中去, 作法就是将其所属的第一类被积函数 (Integranden erster Gattung) 的比例值

$$\varphi_1 : \varphi_2 : \cdots : \varphi_P$$

当作齐次坐标引进来. 于是人们在这个空间中就简单地以 φ 的齐次线性变换群作为进一步考察的基础. 参见 Brill, Nöther 和 Weber 诸位先生的著作, 还有, 例如, 我本人在 Math. Annalen, 第 36 卷上的论文: “Zur Theorie der Abel Funktion (论 Abel 函数理论)” [见本文集第 III 卷]. (1893)]. [对在前一节处理的例子, 可将其中常常出现的群, 在转移到一适当选取的高维空间时用一个线性变换群来代替. 于是研究总是可以得到射影上的应用. 显而易见的问题是, 由此得出一个一般性的原理究竟有多远, 看来一直还没有得到研究. K.]

2. 位置分析

在所谓的位置分析中, 人们要寻求相对于这样一些变换保持不变的东西, 这些变换是由无穷小变形组合生成. 在这里人们也必须和我们已经讲过的那样, 区分变换的对象究竟是整个区域, 因而例如是整个空间, 或者只是从其中分出来的一个流形, 一个曲面. 第一类变换是那种我们可以用来作一种空间几何基础的变换. 它的群的构作完全不同于迄今所考察过的群的构作方式. 因为它包括了所有由设想为实的无穷小点变换所组合而成的变换, 它们承受着只能对实的空间元素起作用的原则性的限制, 并且在任意函数的域上变动. 人们还可以对这个群作有点儿巧妙的扩充办法, 就是把它们再与也能改变无穷远的实直射变换结合起来. ——

3. 全体点变换的群

如果说对于这种群不再有曲面能具有自己的个性, 因为任意一个曲面通过这个群的变换都可以变成任何其他的曲面, 那么存在更高级的形体, 用这个群来研究它就会有一定的优越性. 就这些在此作为基础的几何概念来说, 如果此后不把这些形体再看成是几何形体, 而是看成只是不期而遇找到了几何上的应用的解析结构, 它们照样有效, 而且如果应用于其研究过程 (就正好像是任意的点变换), 人们直到最近才知道开始把它们理解为几何变换. 属于这种解析结构 (analytische Gebilde) 的首先有齐次微分表达式, 其次偏微分方程也是. 但是对后者的一般讨论而言, 正如在下一节会详述的, 包括全体切触变换的群还是更合适一些.

在以全体点变换的群为基础的几何中有效的主要定理是, 对空间的一个无穷小的部分, 一点变换的作用总是相当于一线性变换. 因此射影几何的发展现在对无穷小的区域就有了它的意义, 正是由于这一点, 在处理流形时的群特别可以任选——射影观点方法的突出特点也就正在于此.

我们已经有很久不再谈论以相互包容的群为基础的考察方式之间的关系了, 在这之后, 我们想在此再为在 §2 中给出的一般理论举一个例子. 我们要问, 究竟应该怎样从“所有点变换”的观点来理解射影性质, 这时可以不考虑原本是属于射影几何的群的对偶变换. 于是这个问题就与下面这另一个问题是一致的: 通过怎样的条件能把线性变换从点变换的总体中分出来. 前者的特征是, 它把任一平面都映射成平面: 它们就是那样一种点变换, 在其作用之下平面的流形 (或根据同样的理由, 直线的流形也一样) 保持不变. 射影几何是从所有点变换的几何通过加入平面的流形而得出的, 正如初等几何是由射影几何通过加入无穷远球圆而得出的一样. 特别地, 例如, 从全体点变换的观点来看, 我们可以把一曲面标记为某一阶次的代数曲面看成是对平面的流形的一个不变关系. 当我们像 Grassmann [Crelle's Journal, 第 44 卷 —— 英译本注] 那样把代数形体的生成与其直尺作图相联系, 这一点就十分清楚了.

§9. 关于全体切触变换

切触变换的一些个别情形甚至早就被人们研究过; *Jacobi* 在作分析的研究时就已经用到了最一般的切触变换; 但是它们只是通过 Lie 的最近的著作才第一次被引入到生动的几何观念中来[①]. 因此我们在这里特别地来阐明一下, 什么是切触变换, 也许不是多余的, 这时我们仍然像往常一样, 只限于点空间为三维的情况.

用分析的观点来讲, 所谓切触变换就是指那种将 x, y, z 和它们的偏微分系数 $\dfrac{dz}{dx} = p, \dfrac{dz}{dy} = q$ 的变量值用新的 x', y', z', p', q' 表示出了. 易见在此变换下相切的曲面一般变成仍为相切的曲面, 这就是用切触变换这个名字的理由. 在以点作为空间元素出发, 切触变换可分为三类: 使三重无限多的点所对应的仍为点 —— 这就是我们刚刚考察过的点变换, 再就是, 那种把它们变成曲线的变换, 最后是那种把它们变成曲面的变换. 我们不必就此把这个分类看得太重要, 因为在用其他种类的三重无限多的空间元素, 例如平面时, 当然仍然会有分成三类群的情况出现, 但是它并不与以点为基础所出现的分类一致.

如果在一点上应用所有的切触变换, 那么它就会变成所有的点, 曲线和曲面的集合. 因而这些点, 曲线和曲面, 以其总

---

①特别见已引著作: 论偏微分方程与线丛, Math. Annalen, 第 5 卷, 文中所给出的有关偏微分方程的论述我主要是从 Lie 的口述得知的; 见其注记: 关于偏微分方程, Göttinger Nachrichten, 1872 年 10 月.

体构成了我们的群的一个体 (Körper). 人们由此可以推断出这个一般规则, 认为, 如果在所有切触变换的意义下形式地处理一个问题, (例如马上就要摆到读者面前的偏微分方程的理论), 当我们只以点 (或平面) 坐标时, 必定是不完整的, 因为作为基础的空间元素正好不构成体.

但是如果还要保持与通常方法的联系, 那么要想将上述体中所包含的个体当作空间元素引入就行不通, 因为它们的数目是无限重无穷 (∞^∞ —— 英译本) 的. 于是就有必要在这些考察中, 作为空间元素引入的既不是点, 也不是曲线或曲面, 而是*面元*, 即数值组 x, y, z, p, q. 在每一切触变换下每一面元变成一个新的面元; 于是这五重无穷多的面元就构成一个体.

在这个观点之下必须把点, 曲线, 曲面都一样要理解为面元的聚集 (Aggregate), 而且甚至是二重无穷多的聚集. 因为曲面要用 ∞^2 个面元来覆盖, 曲线则与同样多的面元相切, 而每一个点也有 ∞^2 个面元通过. 但是这些二重无穷多的面元聚集还有一个共同的特征性质. 人们把两个相邻的面元 x, y, z, p, q 和 $x+dx, y+dy, z+dz, p+dp, q+dq$, 在有以下式:

$$dz - pdx - qdy = 0$$

描述的关系时, 说成是处于*相连位置* (vereinigte Lage). 因此点, 曲线, 曲面就等同于*一个由面元组成的二重无穷流形*, 这*个流形的每一个面元都与那些有单重无限多个的相邻的面元*

处于相连位置. 这样一来, 点, 曲线, 曲面有共同的特征, 而且当人们以切触变换群为基础时, 必须用分析的方法来表示它们.

相邻面元处于相连位置是一个在任何切触变换下的不变关系. 但是反过来我们也可以把切触变换定义成五个变量 x, y, z, p, q 的那样一些代换, 在它们的变换下, 关系 $dz - pdx - qdy = 0$ 保持不变. 在这种研究中空间被看成一五维流形, 而且在对此流形作处理时, 要以所有变量变换的集合中那些保持微分间的某一确定的关系不变的那部分作成的群为基础.

我们要研究的对象首先是那样一种流形, 它们由变量间的一个或几个方程, 即一阶偏微分方程及一阶偏微分方程组来描述. 有一个主要的问题是, 如何从面元的流形中挑出满足给定方程的面元来: 也就是挑出面元的单重, 二重的无限系列, 它们每一个均与其相邻的面元成相连关系. 例如, 一阶偏微分方程的求解就归结为这种问题. 可以这样来表述这个问题: 从那些满足方程的四重无限多的面元出发, 分离出上述类型的二重无限的流形来. 特别是完全解的问题现在取如下的准确的形式: 将满足方程的四重无限多的面元以某种方式分解为二重无限多的这种流形.

我不打算在此跟踪对微分方程的这一研究; 有关这一方面我推荐大家去参阅已引用过的 Lie 的著作. 只是还要强调指出, 从切触变换的观点来看, 一阶偏微分方程没有不变量, 因为它们的每一个都可以变到任何其他一个, 特别是线性方程已不再有什么独特之处. 只有当人们回到点变换的观点时,区别才会出现.

切触变换群, 点变换群, 最后射影变换群, 能够用一个统一的方式来表征. 这一点我禁不住要来谈一谈[①]. 切触变换已经定义成这样一种变换, 它保持相邻接的面元处于连接位置这一性质不变. 点变换则相反, 它的特征性质是把处于相连位置的相邻接的线元素变成也具有这种性质的线元素. 最后, 直射与对偶变换则保持相邻接的连缀元素 (Konnexelemente) 处于相连位置这一性质不变. 我这里所说的连缀元素, 是指一个面元以及包含在其中的一个线元素所构成的并集. 两个相邻接的连缀元素, 如果其中一个, 不仅是它的点, 而且它的线元素, 都包含在另一个连缀元素之中, 我们就说它们位置相连. 连缀元素这个 (也许是个临时性的) 名称与最近 *Clebsch*[②] 在几何学中所引入的一个形体有关, 这一形体是由一个同时包含了一系列的点坐标, 一系列的平面坐标和一系列的直线坐标的方程来描绘的, 在平面上的一个类似这样的形体 Clebsch 把它称之为连缀 (Konnexe).

---

①我把这些定义归功于 Lie 的一个评注. [Lie 对这个还相当有意义的定义在他的后来的工作中好像从未回来讨论过. K.]

②见 Gött. Abhandlungen, 1872 (第 17 卷): 论不变量理论的一个基本课题 (Ueber eine Fundamentalaufgabe der Invariantentheorie), 还有特别是 Göttinger Nachrichten, 第 22 期: 论解析几何中的一个新的基础形体 (Ueber ein neues Grundgebilde der analytischen Geometrie der Ebene).

§10. 论任意维流形

我们已反复强调指出,我们把此前的论述与空间的概念联系在一起,只是希望借助直观的例子能更有利于阐明抽象的概念. 但就所考察的内容本身而言, 它们与直觉的图像无关, 而是属于数学研究的一般领域,人们称之为多维流形理论,或者(按照 Grassmann) 简称作为延伸学 (Ausdehnungslehre). 人们是如何实现将前述内容从空间转移到单纯的流形上, 这是显而易见的. 我们在此只是想再一次指出, 与几何学相反, 我们在抽象研究中有一个好处, 这就是我们可以完全任意选择变换群作为研究的基础; 而在几何学中却事先就给定了一个最小的群, 即主群.

在这里我们只能就下述三种处理方式, 而且也只是简单地触及一下.

1. 射影的处理方法或现代代数学 (不变量理论)

它的群由对描述流形个体的变量所作的线性变换和对偶变换的全体组成, 它就是射影几何的推广. 我们已经指出过, 这种处理方法是如何出现在应用于对高一维流形中的无限小的讨论之中. 它在下述意义上包括了我们下面还要讲的另两种处理方法, 即它的群包含了作为这另两种处理方法的基础的群.

2. 常曲率流形

这种流形的概念是由 Riemann 从更一般的流形的概念中引申出来的, 在这种更一般的流形中给定了一个变量的微分表达式. 它的群就是由所有那些保持这个给定的微分表达式不变的全体变换所组成. 如果在射影意义上我们在以变量之间的一个给定的二次方程为基础建立起度量关系, 我们就能从另一个方面达到常曲率流形的概念. 这种方式与 Riemann 的方式相比, 出现了一个推广, 即把变量设想为复数; 我们可以随后把变量限制到实数域. 我们在 §5, §6 和 §7 中曾涉及的大量研究就属于这里所讲的情形.

3. 平面流形

Riemann 把曲率恒等于零的常曲率流形称之为平面流形. 它的理论是初等几何的直接推广. 它的群能够 —— 和初等几何中的主群一样 —— 通过下述方式从射影几何群中分离出来, 即将那些保持一个由两个方程, 一个是线性方程, 一个是二次方程, 所描绘的一个形体不变的变换分离出来而得. 如果还要想与通常的理论的表述形式相对接, 那么就要将实数域和虚数域这两种情况分开来讨论. 属于这个理论的, 首先要数初等几何本身, 然后, 比如, 还有在新近所开创的对通常的曲率理论的推广, 等等.

结束语

最后还有两点说明值得一谈, 它们与我们至今所讲述的有密切的联系. 一点是有关人们用来表达此前概念发展的形式体系. 另一点是, 我们要指出若干问题, 按照我们这里所叙述的观点来着手处理, 看来是重要而又很有价值的.

人们常常责难解析几何, 说它引进坐标时偏好选用任意的元素. 对于用变量值来表征其个体的多维流形的各种处理方式, 也受到了同样的责难. 如果说由于人们对坐标方法的使用, 尤其是在从前, 还有缺陷, 这种责难还言之有理的话, 那么在对所采用的方法作合理的处理之下它就会销声匿迹. 在群的意义下研究流形时可能出现的解析表达式, 倘若偶然采用了坐标系的话, 根据它的意义, 应与坐标系无关, 而且现在也有必要把这一无关性用明显的形式地表示出来. 现代代数学指出这是可能的, 并且指出了它是怎样完成的, 在其中把我们在此要用到的形式化的不变量概念以最明确的方式表示了出来. 它拥有一个关于不变量表达式构成的普遍而又详尽的法则, 并且原则上只限于运用这种表达式来运算. 如果用不是射影群的其他群作基础, 对其形式化的处理也提出了相同的要求[①]. 因为形式化的表述毕竟应该与概念的构成一致, 于是我们既可以把形式化的表述只用作概念本身的准确而又明晰的表达, 或者人们也可以利用它, 以便在它的帮助下深入到尚未被研究过的领域.

至于我们还想要谈的另一个问题, 通过将前面讲到的观念与所谓的 Galois 方程式理论相比较就会引出来.

在 Galois 理论中, 和这里一样, 兴趣都是集中在变换群上. 而变换所涉及的对象则全然不同, 在那里人们只与有限个分立的元素打交道, 而这里则要与一个连续流形无穷多个元素打交道. 但是由于群概念的一致性还可以作进一步的比较[②]; 而且我更想在此指出, 人们肯定会按照这里所阐述的观

---

①[例如, 对三维空间绕一固定点的转动群, 四元数就是这样一种表述形式. (1893)]

[但是我自己后来对正文的这个要求就很少遵守. 对此起决定作用的是我在自己的工作, 特别是在教学中的经验告诉我老是要去学习新式的书写符号一般来说所耗费的时间要比通过应用去学会它们所花的时间要更多. 只有很少的数学家才会去学习他同时代作者频繁推荐的各种符号 (而反过来, 有很多数学家肯定会发现, 他们会用某种他们自己所创造的新符号来表达他们的思想). 由于这里所说的这种行为, 当前我们已经在数学中有了一种广泛的失语症 (Sprachverwirkung), 如果说这也并不像是想要达到使所有的数学进步自我闭锁的最终目的, 那也是很值得怀疑的. K.]

②我要在这里提请大家想起, Grassmann 在他的《延伸理论》(Ausdehnungslehre), 第一版 (1844) 的引言中, 已经对组合理论和延量理论做过比较.

念赋予 Lie 和我已经开始的研究① 一种地位, 通过它也可以更好地来表征.

在 Galois 理论中, 如在 Serret 的《高等代数教程》(Traité d'Algèbre supérieure) 或在 C. Jordan 的《代换理论教程》(Traité des substitutions) 中所论述的那样, 真正要研究的对象就是群论或代换理论本身, 方程式论不过是作为它的一个应用而得出的. 相应地我们也需要一种*变换理论*, 即一种能由具有给定性质的变换所产生的群论. 和在代换理论中一样, 可换性和相似性等概念都会用到. 在以变换群为基础的对流形的处理就以变换理论的一个应用的面貌出现.

在方程式论中, 我们首先就是有系数的对称函数, 它们本身就是引人入胜的, 其次我们还有这样一些表达式, 它们即使不能对根的全体代换保持不变, 至少也能对一大堆根的代换保持不变. 与此相当, 在以一个群为基础来研究流形时, 我们首先要问清所有的体 (Körper) (§5), 即经过群的全体变换保持不变的形体. 但是, 也还有这样一些形体, 它们不是在群的所有变换下保持不变, 而只是在群的某一部分变换下保持不变, 于是这种形体在以这个为基础的处理的意义下特别有意思, 它们具有出色的性质. 因此将在普通几何意义下的对称

① 见我们合作的论文: Ueber diejenigen ebenen Curven, welche durch ein geschlossenes System von einfach unendlich vielen vertauschbaren linearen Transformationen in sich übergehen (论那一类平面曲线, 它们在一单重无限多个可换线性变换的封闭系统下保持不变), Math. Annalen, 第 4 卷.

形体与规则形体, 旋转曲面与螺旋曲面区别出来, 就是有赖于此. 如果站在射影几何的立场上, 还特别要求使形体保持不变的那些变换是可换的, 那么就会得到在已引证过的、Lie 和我的论文中考察过的那些形体, 并导致在 §6 中提出过的一般问题. 在 §1 和 §3 那里所定出的平面上的无穷多个可换线性变换, 就是属于刚刚所讲的一般变换理论的一部分①.

附注

I. 谈现代几何学中的综合方向和解析方向的对比

目前, 人们对现代综合几何学和解析几何学之间的差别已经不再那么看重了, 因为在它们的研究内容和推论方式这两方面都逐渐塑造得完全类似了. 因此在正文中我们选用 "射

①我不得不放弃在正文中来说明, 在微分方程的理论中无穷小变换的研究所取得的丰硕成果. Lie 和我在已引证过的著述的 §7 中已经指出, 容许同样的无穷小变换的常微分方程, 也出现了相同的积分困难. 至于这些研究应如何应用于偏微分方程, Lie 在不同的地方, 特别是在上面所引用过的论文 (Math. Annalen, 第 5 卷) 中, 用了几个不同的例子作了论述 (特别见 Mittheilungen der Academie zu Christania, 1872 年 5 月).

[特别是根据正文观点我后来在代数方程方面的研究, 和我对超越自守函数方面的研究一样 (这二者将都将刊载在本文集的随后两卷中), 也应与 Erlangen 纲领的叙述放在一起. 关于这一点请参见我的《二十面体讲义》(Vorlesungen über das Ikosaeder) (Leipzig, Teubner, 1883) 一书的前言, 我在其中明白地指出了我的有关的工作与 Lie 同时在连续变换群方面的研究的对比. K.]

影几何学”这个词来作为这二者的共同名称. 如果说, 综合方法更多地用空间的直观来进行研究, 并从而给予它的一流的、朴素的成果以非比寻常的魅力, 那么, 一个这样的空间直观领域也并不会将解析方法拒之门外, 并且, 人们可以把解析几何学的公式理解为几何关系的一个准确而又清晰的表达. 另一方面, 一个设计得好的形式体系会在一定程度上走在思想的前面, 从而有助于进一步的研究, 人们对它的这一好处也不能低估. 然而我们总要坚持这样一个要求, 即, 一个数学课题, 只要还没有做到在概念上明显时, 就不能认为是解决了; 而在形式体系上的推进还只是迈出了第一步, 然而却是很重要的一步.

II. 今日之几何分离成各个分支

如果人们注意到, 例如, 数学物理学家自始至终对哪怕只是稍稍用一点已是很成熟了的射影观点在许多情况下就能带来的好处也不屑一顾, 正如在另一方面的射影几何学的学子们也不愿去接触由曲面的曲率理论所发掘出来的数学真理的宝藏, 那么人们就不得不认为几何知识当前的状况真是不够完善, 但同时渴望很快就会成为过去.

III. 关于空间直观的意义

如果说我们在正文中把空间直观看成是某种附属的东西, 这只是对要进行研究的纯数学内容来讲的. 对它来说, 直观只具有使说明形象生动的意义, 这一切对教育方面来讲应给以很高的评价. 从这个观点上来说, 例如, 一个数学模型就极具教学意义, 也非常有趣.

但是空间直观意义的问题的提出, 一般来说, 则完全是另一回事. 我把空间直观自身看成是某种独立的东西. 存在一种真正的几何, 它并不是和已讲过的研究的正文中所说的那样, 只是抽象研究的形象生动的说明形式. 在这里所涉及的, 空间图形如何根据它们的全部成型的实际 (vollen gestaltlichen Wirklichkeit) 来理解, 而且对它们能够成立的 (就它们的数学内容这一方面来讲的) 关系, 应能作为空间观念的基本定理[①]的明显的推论来把握. 对这种几何来讲, 一个模型 —— 不管它现在是构造出来而被看见了的, 抑或只是被生动地想象成的 —— 已不再是达到目的的工具, 而是事物的本身.

当我们这样把几何学看成是一门独立于纯粹数学的学科而与它相提并论时, 这本身并不是什么新的东西. 但是再一次鲜明地提出这个观点还是很有意义的, 因为新近的研究几乎把它完全忽略了. 反过来新近的研究也是几乎没有用于掌握空间产物的形状上的关系, 而且正是在这个方向上显得大有希望之时, 没有用到它, 这一点就与此密切有关[②].

IV. 关于任意维流形

空间作为点的存身之所只有三维这一点, 从数学的观点

[①]公理. —— 中译者注

[②][我在有关形状 (Gestalten) 方面, 特别是关于代数曲线和代数曲面的形状方面的研究, 可在本全集的第 II 卷中找到. K.]

来看, 是用不着来讨论的; 但是同样从数学的观点上来看, 人们也无法阻碍任何人去主张空间实质上有四维, 甚至无限多维, 虽然我们能够感受到的只是三维. 多维流形的理论怎样越来越走向数学研究的前台, 根据它的本质, 与这一主张完全无关. 但是已经在其中建成的一种习惯用语, 当然就是从这个观点导出的. 人们不再讲流形中的个体, 而改说一高维空间中的点, 等等. 但是就其本身来说这种用语也有许多优点, 就此而言, 它通过回想起几何的直观而使理解变得更容易一些. 但它会带来有害的后果, 以致在一个相当大的范围内认为对任意多维流形的研究是与上述空间性质的概念一致的. 没有什么比这个见解更缺乏根据了. 如果这个观点是正确的, 那么相关的数学研究当然就立即会找到几何上的应用 —— 但是它的价值和它的意图都是寓于其固有的数学内容之中, 而与这个观点也毫无关系.

而当 Plücker 教导我们, 把真实的空间理解为一任意多维的流形, 则完全是另一回事, 这时人们是引入了依赖于任意多个参数的几何形体 (曲线, 曲面等等) 来作为空间的元素 (见正文的 §5).

把任意维流形的元素当作空间点的类似物的思想方式最早是由 Grassmann 在他的延量理论 (1844) 中所开创的. 他的思想完全不涉及上述关于空间本质的看法; 后者要回溯到 Gauss 在一次偶然的机会所作的简短的评注并通过 Riemann 的研究工作, Riemann 在其中提到了这个评注, 把它推广到多维流形而为在一个更广范围内的人们所知. 这两种见解 ——

Grassmann 的以及 Plücker 的 —— 各有各的优点; 人们交替地使用着它们二者的优点①.

V. 关于所谓的非欧几何

在正文中所提到的射影度量几何, 正如新近的研究告诉我们, 它在本质上与在放弃了平行公理之下所设计出来的度量几何相吻合, 当今它以非欧几何之名多次受到评论和商议† . 如果说在正文中我们根本没有触及这个名称, 这是由于一个与上一注释中的叙述有关的理由. 人们把太多的非数学的想象与非欧几何这个名称联系到了一起, 这些非数学的想象一方面受到了巨大热情的支持, 另一方面又受到了同样多的激烈的排斥 (perhorrescirt), 但是我们的纯粹数学的研究靠它们没有得出任何创新来. 下面的叙述可能阐明我们想在这方面为澄清概念而有所作为的愿望.

上述关于平行理论的研究及其进一步的完善在数学上有两方面的意义.

它曾证明 —— 人们可以把这一点看成是它的独一无二的、完美无缺的业绩 —— 平行公理不是平常放在它前面的那些公理的数学推论, 而是在其中表达了一个本质上崭新的, 在

①[近百年来数学思想取得了怎样的进展毋庸多言. 特别是有关 Grassmann 的见解以及他对代数形体的处理, 我提请大家去参阅 Segre 在数学百科全书的 III 2, 第 7 册 (1918) 上所撰写的评述. K.]

† 这里原文为 diskutiert, 而在 1872 年的原始版本上的原文是 disputiert (争议). —— 中译者注

先前的研究中没有被触及过的直观要素. 人们可以, 也应该对每一个公理, 而不只是几何学, 完成类似的研究; 从而人们由此就能获得这些公理相互之间地位的洞识.

其次这些研究又将一个非常有价值的数学概念赠送给我们: 这就是常曲率流形的概念. 正如我们已经指出过并且在正文的 §10 中进一步阐述了的那样, 它与独立于所有平行理论而成长起来的射影度量存在着最紧密的联系. 如果说研究这种度量本身就有极高的意义, 并且允许大量的应用, 那么它还包含了在几何学中给定的度量作为它的一个特例 (极限情形), 并且教我们从一个提高了的观点去理解后者.

有一个问题, 它完全与已讲过的观点无关, 这就是, 平行公理的基础何在, 我们是像一部分人所认为的那样, 把它看成是绝对给定的, 还是像另一部分人说的那样, 愿把它看成只是由经验近似证明了的. 如果假设基础为后者, 那么立即就会有一个有关的数学研究问题, 即人们如何去构造一种更准确的几何. 然而, 这个问题的提法显然是一个涉及我们认识的最一般基础的哲学问题. 这种问题的提法不会使纯粹的数学家感兴趣, 他希望他的研究不会与人们对这个问题是从这方面还是从另一方面给出的回答有关.

VI. 线几何看成是对一个常曲率流形的研究

当我们把线几何与五维流形中的射影度量相结合时, 我们必须注意到, 我们在直线中看到的 (在度量的意义下) 只是流形的无穷远的元素. 因此有必要考虑一下, 一射影度量对它的无穷远元素取什么值, 并且在此来探讨一下, 如何去排除要不然会阻碍我们将线几何理解为度量几何的困难. 我们联系到一个直观的例子来进行这种探讨, 这个例子给出了建立在二次曲面上的射影度量.

空间中任取的两个点相对于曲面有一个绝对不变量: 它们的连线与曲面的两个交点和这两个点形成的交比. 但是如果将在两个点挪到曲面上, 那么这个交比不论这两个点的位置如何都会等于零, 只有这两个点在同一条母线上这个情况例外, 这时它的值不定. 如果这两个点不重合, 这就是在其关系中唯一能出现的特例, 于是我们得到下述定理:

在空间中人们在一个二次曲面上所能建立的射影度量并不能为这个曲面上的几何给出任何度量.

通过将曲面变到自身的线性变换能够将其上的任意三个点变成其上的其他三个点, 上述结论就与此有关[①].

如果想在曲面本身上有一个度量, 人们就必须限制变换群, 而这一点只要我们固定一个任意的点 (或者它的极平面) 就能做到. 首先假设这个点不放置在曲面上. 这样我们把曲面从这个点投影到一平面上, 这时就有一条圆锥曲线作为边界曲线出现. 我们以这条圆锥曲线为基础在平面中建立一个

[①] 这个关系在普通的度量几何中发生了改变; 对这种几何, 两个无穷远点自然有一个绝对不变量. 人们这时在清点将无穷远曲面变到自身的线性变换的数目时可能遇到的矛盾, 因为其中的平移和相似变换根本不会改变无穷远, 从而就被消除了.

射影度量, 然后再反过来把它转移到曲面上①. 这是一个真正的有常曲率度量, 从而我们有下述定理:

一旦我们保持置于曲面外的一点固定, 我们就在曲面上得到了一个这样的一个有长曲率的度量.

相应地可以得到②:

如果取曲面本身上的一个点作这个固定点, 我们就会在曲面上得到一个其曲率为零的度量.

对于曲面上的所有这些度量, 曲面的母线都是长度为零的直线. 因此曲面上的弧元对不同的度量只差一个常数因子. 曲面上不存在绝对的弧元. 但是我们完全可以谈曲面上传播方向之间的夹角. ——

所有这些定理和研究结果现在都可以直接用到线几何上去. 对线空间 (Linienraum) 本身暂时还不存在实质性的度量. 当我们保持一线性线丛固定时才会产生出这样一个度量, 而且甚至它还会得到常曲率或零曲率, 视线丛是一般线丛还是特殊线丛 (一条直线) 而定. 绝对弧元的出现也特别与这个挑出来固定的线丛有关. 与一给定直线相交的、长度为零的相邻直线之间的相对传播方向则与此无关, 于是我们就能谈两个任意传播方向之间所形成的夹角③.

---

①见正文 §7.

②见正文 §4.

③见论文: 论线几何与度量几何. Math. Annalen, 第 5 卷.

VII. 关于二元形式的解释

我们打算在此来考虑，在以 $x+iy$ 的球面解释为基础之下，可以赋予三次二元形式的形式系统以及双二次二元形式的形式系统以何种一目了然的外表形式.

一个二元三次形式 f 有一个三次共变量 Q，一个二次共变量 Δ 和一个不变量 R①. 由 f 和 Q 组合成一六次共变量的完全系列

$$Q^2+\lambda\cdot Rf^2,$$

其中包含了 Δ^3. 人们可以证明②，三次形式的每一个共变量都必定能分解为这种由六个点组成的点系. 只要 λ 可取复数值，就会有二重无限多的这种共变量.

这个如此框定的形式系统现在可以用下述方式表示在球上③. 通过一个将球变到自身的适当的线性变换，我们可以把表示 f 的三个点变到球上一个大圆上的三个等距的点. 可以把这个大圆看成赤道; 代表 f 的这三个点在它上面具有地理经度分别为 $0°, 120°, 240°$. 这样一来，Q 就由赤道上经度分别为 $60°, 180°, 300°$ 的三个点来表示，而 Δ 则由两个极点来代

---

①见 Clebsch 的《二元形式的理论》(Theorie der binären Formen) (1871) 一书中相关章节.

②通过考察将 f 变到自身的线性变换，见 Math. Annalen, 第 4 卷, 352 页. [论代数方程预解式的一个几何表示.]

③[也可见 Beltrami: Ricerche sulla geometria delle forme binarie cubiche (二元三次形式的几何学研究), Accademia di Bologna, Memorie, 1870. (1893)] [Beltrami 文集, 第 II 卷.]

表. 每一个形式 $Q^2+\lambda Rf^2$ 由六个点来表示, 其地理纬度和经度包含在下表格中, 其中 α 与 β 为任意数:

$$\begin{array}{c|c|c|c|c|c|}\alpha & \alpha & \alpha & -\alpha & -\alpha & -\alpha \\ \beta & 120+\beta & 240+\beta & -\beta & 120-\beta & 240-\beta\end{array}$$

如果我们跟踪球上的这个点系, 我们就会有趣地发现, 这些点由此出现的次数计算起来, f 和 Q 会是两次, Δ 会是三次.

一个双二次形式 f 有一个同样次数的共变量 H, 一个六次共变量 T, 两个不变量 i 和 j. 要特别指出的是, 双二次形式族 $iH+\lambda jf$ 全部都属于该 T, 而且在其中可以将 T 分解成它们的三个二次因子, 含于其中都要计入两次. ——

现在来通过球的中心作三根相互垂直的轴 OX, OY, OZ, 它们与球面交出的六个点构成形式 T. 令 x, y, z 表任一球面点的坐标, 一四重形式 $iH+\lambda jf$ 的四个点由下表

$$\begin{array}{rrr} x, & y, & z, \\ x, & -y, & -z, \\ -x, & y, & -z, \\ -x, & -y, & z \end{array}$$

表示. 这四个点每次都构成一对称四面体的四个顶点, 它的对边被坐标系的轴线所平分, 由此表明了 T 在双二次方程理论

中起到 $iH+\lambda jf$ 的预解式的作用①.

Erlangen, 1872 年 10 月.

附 1 Klein 为本文的英译写的前言*

我在 1872 年的 “纲领”, 作为一单行本出版, 开始只是在一个小范围内发行. 对此我是比较容易理解的, 因为不可能期

①[我在本文集第 II 卷所刊载的论述 “在线性变换下变到自身的二元形式” 的论文 (特别见 Math. Annalen, 第 9 卷, 1875) 可以作为紧接正文提示之后的直接叙述.

此外我还乐意推荐 Möbius 的研究工作, 我决定重新发表 Erlangen 纲领与它有关 (在 1885—1887 年间我被撒克逊科学协会邀请参与筹备他的工作的全集出版事宜后, 我本人才理解到它们之间的内在联系). Möbius 那时还并不知道群的一般概念, 也不知道我在 Erlangen 纲领中作为例示列举过的许多几何变换, 但是他受到一种自信预感指引, 将他的在几何方面一个接一个的研究工作准确地指向相当于纲领的基本思想所指的方向. 他在其重心计算 (1827) 一书的中部将 “几何课题” 按照与 “等同性”(叠合)、 “相似性”、 “仿射性” 以及 “直射性” 的 “亲缘关系” 来进行整理. 从 1853 年起开始发表他的 “保圆变换 (Kreisverwandtschaft)”(= 平面上的径向反演几何). 在这之前 (1849) 出现了他论述晶体对称性的第一篇报告. 但是在 1863 年, 在他 73 岁的高龄, 他以其论述 “基本变换”(即几何学中的那一领域, 我们今天称之为位置分析 (Analysis situs)) (这是 Klein 当时的提法, 今天已习惯称之为拓扑学 —— 中译者注) 方面的报告投入工作. 人们可以把这些报告与 Curt Reinhardt 先生在 Möbius 的全集第 II 卷和第 IV 卷中根据他的手写的遗稿的丰富内容所能作出的有趣的论述相比较. K.]

* 这个前言译自本文的英译本. —— 中译者注.

望在纲领中所展开的观点在一开始就受到太大的关注. 但是现在数学在这一时期以来的发展就是准确地沿着这一观点所指出的道路, 而且特别是自从 Lie 开始以广泛的形式发表他的《变换群理论》(Leipzig, Teubner, 第 I 卷 (1888), 第 II 卷 (1890)) 以来, 看来有必要在一个更大的流通范围内出版我的"纲领" 一文. 由 M. Gina Fano 完成的意大利文的译本最近发表在 Annali di Mathematica, 第 2 辑, 第 17 卷. 对其英文译文的接受也受到了同样的期待, 这我要感谢 Haskill 先生.

译文完全是紧扣原文的. 在少数几个地方有字句的变动. 新的用语放在方括号内, 一系列附加的脚注也是这样来标明. 看来有必要加入的大部分已经在意译文本中有了.

F. Klein

附 2 Klein 为本文的法文译本写的前言*

在《数学年鉴》(Annali di Mathematica) 刊载了我的《Erlangen 纲领》的意大利文译本后, 大约一年以前, 我以很高兴的心情接受了 Padé 先生要出版一个法文译本的建议, 因为目前群论似乎在法国受到空前的重视, 我的纲领的内容也许将在那里激起一些关注. 在意译本中我对正文做了少量的修改,并加了一些附注, 在正文中都用 [ ] 标明,其他基本上原封不动.在此后的工作中, 不管多么接近我的论题, 我也没有

* 这个前言采自《数学史译文集》(上海科学技术出版社, 1981年) 第 13 页. —— 中译者注

引用. 因为要系统地总结在 1872 年以后发表的成果是一个长期的任务, 我觉得, 对于我的纲领, 如不做全面和详细的修改, 不可能把其中的中心思想清楚地表达出来. 我希望将来能完成它.

编后记

在本书的稿件组织和编译过程中，我们得到了国内外多位教授的热情帮助和大力支持：季理真教授推荐了该书的选题，撰写了反映 F. Klein 生平和数学成就的长篇代译序，并提供了 Klein 工作地点和墓碑的珍贵照片；陈光还教授翻译了《Klein 数学讲座》原书的正文内容及附录 I；徐佩教授对这一部分内容进行了认真细致的审阅和校订，并提议将《Erlangen 纲领》以及一篇德文的介绍它的起源的文章作为本书的附录，本书的附录 II 即为徐佩教授翻译的《Erlangen 纲领》的起源；此外，我们还得到了李培廉教授的许可，将他曾经翻译出版的《Erlangen 纲领》全文作为本书的附录 III，以飨读者.

需要说明一点，两篇介绍性的文章引用了一些原书的段落，因译者不同，表述会有一些差异.

我们相信，这些增加的重要内容会对读者了解 Klein 及其数学思想大有裨益. 在此向为本书付出辛勤劳动的各位著译者和其他为本书付出劳动的所有人表示衷心的感谢.

编者

2013 年 1 月